ミツバチのダニ防除

―― 雄バチ巣房トラップ法・温熱療法・サバイバルテスト ――

東 繁彦・著

農文協

寄生ダニとその被害

ハチの腹部に寄生するダニ。腹部の腹側に薄く広がる脂肪体を食べて生きている。

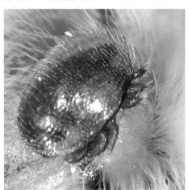

チヂレバネ症のミツバチ。ヘギイタダニが媒介するウイルスによる。このようなハチが増えるとコロニーは衰退し崩壊する。

雌の成ダニ。長さ約1.2mm,幅約1.7mmの楕円形。色は赤茶色。

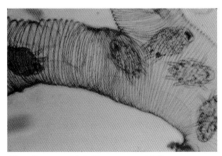

貯蜜を残して凍死したコロニー。アカリンダニ寄生の主要な症状のひとつ。

雌の成ダニ。長さ約0.16mm,幅約0.08mmで,肉眼では確認が難しい。
(出典) de Guzman(USDA)(PD)

ダニ防除の基本となる寄生率の調査

ヘギイタダニの寄生率を調べる腹側撮影法

「腹側撮影法」では，クリアファイルケースにミツバチを閉じ込め，ダニが寄生しやすいハチの腹側をデジタルカメラで撮影し，確認できたダニの数をハチの数で割って寄生率を推定する。

クリアファイルケースの上で蜂児巣枠を軽く叩いてハチを落とし，ハチを挟まないように素早く蓋を閉じる。

ピンぼけや重なりなどで腹部を観察できないハチはカウントしない。この場合，検査数は9匹（○印），ダニは1匹（⇨）となる。

アカリンダニの寄生を調べる解剖検査

解剖検査では，前胸部の気管を見る。

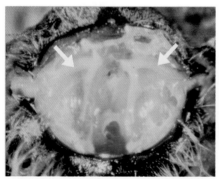

正常なミツバチの気管。色は半透明ないし乳白色。
（出典）The Animal and Plant Health Agency
（APHA）（Crown Copyright）

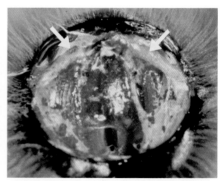

アカリンダニに寄生された気管。赤黒く色素沈着している。
（出典）The Animal and Plant Health Agency
（APHA）（Crown Copyright）

ケミカルフリー養蜂を実現する防除技術

温熱療法

蜂児巣房内の温度を2〜3時間，41〜42℃に保つと，ミツバチに影響を与えずにヘギイタダニを駆除できる。筆者は熱源に太陽光を用い，スマートフォンと通信できる温度計で巣内温度をモニターすることで，目標とする温度を一定時間保つことができる「パッシブソーラー式温熱療法システム」を考案した。

●設置例

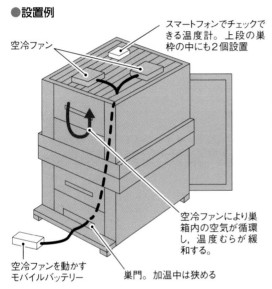

スマートフォンでチェックできる温度計。上段の巣枠の中にも2個設置

空冷ファン

空冷ファンにより巣箱内の空気が循環し，温度むらが緩和する。

空冷ファンを動かすモバイルバッテリー

巣門。加温中は狭める

全体の構造。養蜂箱は2段か3段にし，最上段に蜂児巣枠を並べる。巣枠の上に空冷ファンを置く。モバイルバッテリーは高温を避けて巣箱の外に置く。

巣箱を黒いシートで覆い，さらにガーデニング用のビニール温室を被せて設置したところ。

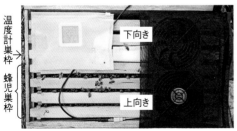

温度計巣枠

蜂児巣枠

下向き

上向き

空冷ファンは，1機は上向きに，もう1機は下向きに設置し，巣箱内の空気を循環させる。下向きのファンは蜂児単枠の上には置かない。

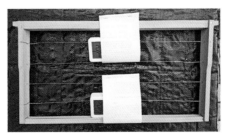

蜂児圏の上部と下部の高さに温度計を付けた巣枠。温度計は，Bluetoothでスマートフォンと通信できるものを使う。

● 温度調節の例

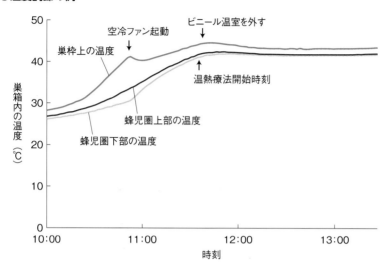

2021年6月9日，快晴下の播磨平野での温熱療法の実践例。巣枠上の温度が40℃を超えたところで空冷ファンを起動させ，巣枠上の温度が44℃を超えたところでビニール温室を外した。蜂児へのダメージを最小限に抑えるため蜂児圏は43℃を，巣枠上は44℃を超えないようにする。

雄バチ巣房刺し

雄バチ巣房の蛹を処分することで，そこに寄生するヘギイタダニを駆除する方法が雄バチ巣房トラップ法。その簡易な方法として，筆者は細い棒で雄バチ巣房を突き刺す「雄バチ巣房刺し」を行っている。

蜂児巣枠。左側の盛り上がった巣房が雄バチ巣房で，ヘギイタダニが好んで侵入し，繁殖の場となる。右側は働きバチ巣房。

蛹にダメージを与えると，働きバチがすぐに処分を始める。ダニの繁殖は中断され，外気にさらされた未成熟のダニは乾燥して死ぬ。

まえがき

　本書は，ミツバチのダニ防除に焦点を当てて論じた養蜂書です。テーマは限定的で，決して入門書ではありませんが，養蜂に携わる方であれば，中上級者だけでなく，最近始めたばかりの初心者にも役立ちます。というのも，今日において養蜂は，商業であろうと趣味であろうと，ダニ防除なくして成り立たないからです。

　このように養蜂環境が厳しさを増す中，養蜂を持続可能なものにするため，行政的監督や政策決定が果たす役割はますます大きくなっています。的確な指導や教示を行うために，また，将来を見据えた政策決定を行うために，行政関係者や立法関係者にも本書を活用いただきたいと願っています。

　ミツバチ関係者だけでなく，昆虫などの生物と実際に触れ合っている研究者や愛好家にとっても，本書は有益です。近頃では，カブトムシなど愛玩用の昆虫の輸入や，ツマアカスズメバチなどの外来生物の侵入事例が増えていますが，現在ミツバチに降りかかっている災厄と同じ苦難がいずれミツバチ以外の昆虫にも降りかかると予想されます。同じ轍を踏まないためのヒントが，本書には含まれています。

　さらには，ミツバチにも虫にも興味がなくても，イチゴやアーモンドなどを当たり前のように食している消費者にこそ，本書を読んで欲しいと願っています。それら美味なる果実がミツバチ（と農家）の働きによるものであるのはご存知のとおりですが，現代のミツバチが奴隷的な花粉交配作業に駆り出され，のっぴきならないところにまで追い詰められているのは，ほかでもない消費者たちがそれら農産品を貪欲に求めた結果だからです。

　本書が，ミツバチとダニ，そして人類との関わりを展望し，持続可能な養蜂を実現する一助となることを願っています。

2021年12月　東 繁彦

目　次

第8章　　統合的ダニ管理

終章　　養蜂の未来

凡　例

- 本書では特に断りがない限り，「ミツバチ」とはセイヨウミツバチ（ヨーロッパミツバチ）の代表的な亜種である「イタリアミツバチ（*Apis mellifera ligustica*）」を指す。トウヨウミツバチ（アジアミツバチ）など別の種類のミツバチや，他のセイヨウミツバチ亜種との区別が必要な場合には，混同を避けるため「セイヨウミツバチ」と記したり亜種小名を記したりしている。
- 「ミツバチヘギイタダニ（*Varroa destructor*）」は，特に断りがない限り「ヘギイタダニ」と省略している。これは「ヘギイタダニ」と書いても，かつての分類において「ミツバチヘギイタダニ」とされていた「ジャワミツバチヘギイタダニ（*Varroa jacobsoni*）」と混同する可能性は低く，またミツバチをテーマにする本書において「ミツバチ」が何度も出てくるのはくどいように感じられるからである。
- 本書に掲載する写真のうち，クレジット表記がないものはすべて筆者撮影による。

序章

小さなダニが
大きく立ちはだかる

1. ミツバチが迎えたかつてない危機

　ミツバチの飼育は，楽しく胸が踊るような至福のひと時であるが，必ずしもいつも順調にやれるわけではない。「月に叢雲，花に風」に続けて「ミツバチにダニ」と言いたくもなるように，幸福な養蜂体験の前には小さなダニが大きく立ちはだかっている。実際のところ，ミツバチは放任していると徐々に減っていき，遂には消滅してしまう。ミツバチの飼育は容易ではない。

　ミツバチの歴史の中で，その天敵といえばスズメバチかクマかヒトであったが，20世紀以降，それは専らダニとなった。現在，幅約1.7mmの楕円形で平べったいヘギイタダニ（**図1-1**）と，その1/10ほどのアカリンダニ（**図2-1**）が，全長約13mmのミツバチを滅ぼさんとしている。

　まずは1904年，イギリスのワイト島で突如，管理蜂群が次々と崩壊し，野生のコロニーも大半が失われた。犯人はアカリンダニであった。このアカリンダニ禍は1914年から1916年にかけてピークに達し，イギリスのミツバチの実に95％が消滅した（Adam, 1987:68）。日本では長年アカリンダニの被害は報告されてこなかったが，2010年頃から全国規模で爆発的に感染が広がり，一部を除くほぼ全土でニホンミツバチが激減している。

　次に，ヘギイタダニは，元々は東南アジアを中心に分布するトウヨウミツバチを寄主とし共生関係を維持してきたが，19世紀以降，ロシア・極東のプリモルスキー地方と日本で，それぞれセイヨウミツバチへ寄主転換を果たした。ロシアのヘギイタダニは1960年代にヨーロッパ各地へと拡大していき，また日本のヘギイタダニは

1970年代に南米パラグアイを足がかりにアメリカ大陸へ上陸を果たし，各地で壊滅的な被害をもたらしている（図1−5）。実際，ヨーロッパや北米では，ヘギイタダニの侵攻により野生のミツバチの大半が消滅した。

ヘギイタダニはセイヨウミツバチにとって致死的で，対策を講じなければ2〜3年でコロニーを滅ぼしてしまう。殺ダニ剤の使用が一般的な現在においても，統計のあるアメリカ合衆国を例にとれば，毎年夏と冬を併せて半数近くの管理蜂群が失われている。個別には，8〜9割のコロニーが滅ぶことも珍しいことではない。

このように事態は深刻なため，現代の養蜂では，ダニを如何に防除するかが最重要課題となっている。

2. 家畜としてのミツバチ

多くの人々が思い描くミツバチのイメージは，彩り豊かな自然の中で生命の息吹を感じさせる，理想の象徴のようなものだろう。そのようなミツバチへの憧憬は一面としては正しいが，それは偶像に近い。実際のところ，現実のミツバチの姿は家畜そのものである。ミツバチは強欲な資本主義システムに組み込まれ，効率的生産のためにひたすら酷使され続けている。

ミツバチを家畜として振り返るなら，その厳しい現実が浮かび上がってくる。ミツバチは，人間に飼われていなければ食していたはずの滋養豊かな蜜と花粉を取り上げられ，その代わりに粗末な砂糖水や酵母，大豆が与えられている。他の畜産動物が，口蹄疫や豚熱，鳥インフルエンザに苦しめられているのと同様に，ミツバチも様々な疫病にさらされているが，家畜化のレールに乗ったことで，ダニに寄生されても人の手による治療を受けられるようになった。しかし，それは薬なしでは存続できないということにほかならず，薬漬けにされたその姿は，牛舎のホルスタインや鶏舎のレグホンと変わらない。

しばしば「ミツバチの家畜化」（domestication）という言葉が聞かれるが，これには少なくともふたつの意味がある。ひとつは，生態や形質の変化という意味での家畜化（transformation）で，もうひとつは，人類社会に不可欠な要素として有機的に組み込まれているという意味での家畜化（organization）である。前者の意味での家畜化は，イヌやブタほどには進んでいない。人類が行ってきたことと言えば，せいぜい飼育しやすく蜜を多く集めるミツバチを選んだ程度のことである。おそらく

ミツバチは人間に飼われているとは思っていないし，飼われていることすら知らない。ミツバチは，家畜の中では最も野性に近い。

ところが，後者の意味での家畜化は，ウシやニワトリと同等かそれ以上に進んでいる。ミツバチにはハチミツの生産以上に，花粉交配者としての役割を果たすことが期待されている。否，「期待」ではなく担わされている。ミツバチを使役しなければ生産できない農産物は少なくなく，カリフォルニアのアーモンドや季節外れに収穫されるビニールハウスのイチゴなど，枚挙に暇がない。人類はミツバチなしに必要な食料を賄うことができないところにまで来てしまっている。

3. ミツバチ頼みの農業生産

「人類はミツバチなしに必要な食料を賄うことができないところにまで来てしまっている」と書いた。これは誇張でも何でもない。現在ミツバチに期待されていることは，ハチミツの生産よりもむしろ果樹や園芸作物の花粉交配である。送粉者はほかにも，チョウ，アブ，ハエ，その他の虫，鳥類，コウモリなどがいるが，その中でもミツバチが随一の送粉者であるのは，腹を満たしても飽くことなく訪花し続けるからである。

国連機関などの試算によれば，ミツバチは世界の1/4ないし1/3の作物の受粉を行っており，その経済効果は年間で数十兆円にも及ぶとされる。この試算がオーバーなのか過小評価なのかはともかくとして，ミツバチに頼らなければ受粉植物の半分も生産できないのが現状である。

ミツバチがいなくなって倒れるのは，養蜂業者だけではない。その供給を頼りにしている農家，そしてその先で豊かな実りを享受したいと願っている消費者も含まれる。ミツバチなしに80億もの人類を養うことはできない。

そのため，ミツバチの供給者たちは農業界の需要に応えようとしているのだが，目先の効率を重視するあまり，なりふり構わぬ投薬が続いている。この方向には限界がありいずれ行き詰まることになるのだが，問題は先送りにされ，今に至っている。

4. 防除がうまくいかないのはなぜか

　これまで存在しなかった敵が突如として現れ，生存が脅かされそうになったなら，普通はその敵を撃退することを考えるだろう。そのような発想に立って，これまで様々な防除方法が考案され，実践されてきた。現在では，年に2, 3度，化学的防除を行うのが一般的であるが，もしダニの影響が出ない水準まで防除を徹底したいのならそれではまったく不十分で，より頻繁に防除を行う必要がある。

　しかし，今以上に化学的防除を行うと，当のミツバチへの負担は増し，一方でダニの薬剤抵抗性はますます発達してしまう。薬剤が，ハチミツという食品と直に接触し，残留する問題もあり，これ以上化学的防除の回数を増やすことは難しい。

　ここで自然の摂理を思い起こしてみよう。理論上，寄主を滅ぼすほどの強毒性の寄生者は，寄主が滅びれば自身も滅びるため，いずれ寄主を滅ぼさない程度にまで弱毒化するはずである。そうなるはずのことが起こっていないのは，養蜂場という集約的な蜂群管理システム内で，合同や誤帰巣などによってダニを移し合い，本来弱群とともに滅ぶはずだった強毒性のダニを存続させてしまっているためである。一方で，ミツバチに対しては手厚い保護を与え成長のチャンスを奪い，本来なら淘汰されていたはずの遺伝子を保存してしまっている。そのため，ミツバチとダニはいつまで経っても安定した共生関係を築けず，終わりのない防除を続けなければならなくなっている。まさに家畜化の弊害である。

　高度にかつ複雑に絡み合った人類社会全体が，ミツバチがダニ問題を克服するのを妨げているのである。私たちは，養蜂を持続可能なものにするために，これまでのやり方を再検討する必要がある。

5. 今できること

　化学的防除が限界に達している今，ミツバチへのダメージを抑え，ダニを強くすることなく，かつ食の安全も確保される防除方法が求められる。本書で取り上げている物理的防除は，薬剤に頼らない養蜂に向けたひとつの可能性を示している。とはいえ，どのような防除技術も決定的なものではありえず，ダニを根絶しようとしても，その努力は結局のところ徒労に帰すことになるだろう。

　もとよりダニを絶滅させることはできないのだから，究極的には，ミツバチがダ

ニと安定した共生関係を築くようにするしか道はない。今はまだその段階にはなっていないので，過渡的なつなぎとして防除を続けなければならないが，抵抗性を持つようになった強いダニが生き残らないように，適宜防除方法を使い分け，さらには自然の摂理に逆らうことなく，滅ぶべき系統は滅ぶようにし，残るべき系統は残すようにする必要がある。

6．本書の構成

　本書は，ミツバチを飼育する上で避けて通ることのできないダニ問題について，世界中の様々な研究を整理し，包括的に論じた書である。

　第1章と第2章では，ミツバチにとって代表的なダニであるヘギイタダニとアカリンダニの生態や被害の実態について解説する。読者はすでにそれらについてある程度ご存知であろうが，まとまった説明に触れたことはないかもしれない。多くの養蜂家が知らない，あるいは誤解しているような内容も扱っているので，是非飛ばさずにご一読いただきたい。

　第3章は，寄生率の調査についてである。寄生率を知らなければ，適切な防除を効果的に実施することはできない。今日，ヘギイタダニに対してはシュガーロール法，アカリンダニについては解剖検査が一般的であるが，どちらも時間と手間がかかるため，定期的に行っている読者はほとんどいないだろう。また，シュガーロール法は，粉砂糖が気管に詰まることでハチに悪影響を及ぼしたり，寄生率の精度が低かったりするなどの問題がある。本書は，これに代わる方法として，デジタルカメラを使って手軽にできる「腹側撮影法（ダニ見検査法）」という方法を提案している。アカリンダニの解剖検査についても，最小限のサンプルサイズでできる現実的な方法を紹介している。是非この機会に，寄生率を調べる習慣を身につけてほしい。

　第4章からは，各種の防除方法について論じる。第4章で取り上げるのは，今日主流となっている化学的防除である。現在の養蜂の現場においては，監督官庁の認可した薬剤による化学的防除が広く行われているが，抵抗性を持つダニの出現などによってそれらの有効性に疑問符が付いている。その一方で，未認可の有機酸や精油（エッセンシャルオイル）などが，Web上の断片的な情報をもとに，適切な指針もなく闇雲に使われている現状もある。この章では，それらの標準的な使用方法と効果，その他諸々の問題について解説する。また，関係する法令についても扱い，薬

剤使用に伴う適法性・違法性の問題についても整理してあるので，養蜂やハチミツ販売を行う上での法令遵守に資するはずである。

いよいよ第5章では，化学的防除をカバーする方法として，物理的防除について述べる。その中で特に有望な技術である「雄バチ巣房トラップ法」と「温熱療法」については，基礎理論に留まらず，具体的かつ現実的な実践方法を示しているので，有機養蜂の実践者だけでなく，化学的防除に限界を感じているすべての養蜂家にも役立つはずである。補論1では，南米での事例を中心に，熱帯地域でのヘギイタダニの弱毒化について扱う。

第6章では，ミツバチが本来持っているダニへの抵抗性や，ミツバチの品種・系統による抵抗性の程度について述べる。化学的防除にせよ物理的防除にせよ，人間がミツバチの世界に介入することには違いない。ミツバチの問題はミツバチが自ら解決するのが最も望ましい。ここでは，グルーミングや衛生行動といったミツバチ自身に備わった抵抗態様とそのメカニズムを概説し，さらに，ミツバチの品種・系統による違いや，海外からの導入の是非について検討する。

第7章では，前章の延長として，サバイバルテスト（完全放任飼育選抜法）について取り上げる。ダニに侵されたミツバチのコロニーは，治療しなければ多くの場合滅ぼされるが，一部は生き残ることがある。滅亡を免れたコロニーは，ダニへの抵抗性を有している可能性があるほか，抵抗性まではないとしても，均衡的な共生関係を築いている可能性がある。この章では，世界各地で行われたサバイバルテストの結果を読み解きながら，果てしない防除という呪縛から抜け出る可能性を探る。補論2では，明治時代以降の養蜂書や研究者の報告をもとに，日本でのヘギイタダニによる寄生と，今日のように問題化するに至るまでの歴史的な経緯について考証する。

第8章では，本書で取り上げた内容をもとに，統合的なダニ防除のあり方についてまとめている。これは，統合的病害虫管理などともいい，ひとつの防除方法を繰り返すのではなく，様々な防除方法を適宜組み合わせて行う防除スタイルのことで，昨今主流の考え方となっており，英語の"Integrated Pest Management"の頭文字を取ってIPMとも呼ばれる。ハチがダニに対し抵抗性を身につけるのが理想であるが，それに至るまでは防除を続けなければならない。本書のおさらいとして，ご自身のコロニーを思い浮かべながら読むなら，理解は一層深まるだろう。

終章では，今後に向けた課題を検討する。世界が緊密化している現代，ミツバ

チが新たな脅威にさらされることは当然に予想される。その中で，現代の養蜂のあり方に加え，ダニとミツバチ，そしてそれらと人類との関係についても見通しながら，持続可能な養蜂に向けて私たちが今すべきことを考えたい。

第1章

ヘギイタダニ

1. はじめに

　ヘギイタダニ（*Varroa destructor*）とは，トゲダニ科[1]ミツバチヘギイタダニ属の，長さ約1.2mm，幅約1.7mmの楕円形で，平べったく，赤茶色のダニである[2]（Anderson and Trueman, 2000）（**図1－1**）。ミツバチの働きバチの全長は約13mmだから，ヘギイタダニはハチに対し約1/8の大きさということになる。

　今日，このダニの被害が深刻で，対策を講じなければ，感染から2～3年後にはコロニーは衰退し，崩壊してしまう。

2. チヂレバネウイルスの媒介

　ヘギイタダニは，寄主の腹部の腹側や側面に取り付き，主にその脂肪体を食して生きながらえている。そして，その時にウイルスを媒介し様々な感染症を引き起こしている。

　ヘギイタダニは，各種のウイルスを媒介

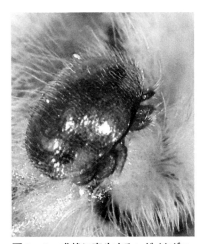

図1－1　成蜂に寄生するヘギイタダニ

（1）ヘギイタダニ科に分類する立場もある。
（2）これは雌の場合。雄は，約0.8mmの円形（**図5－1c**）。

図1－2　翅が縮れて生まれた働きバチ

することで知られているが，とりわけ問題になっているのがチヂレバネウイルス（*Deformed wing virus*）である[3]（Ramsey *et al.*, 2019）。ミツバチは，チヂレバネウイルスに感染しチヂレバネ症を発症させると，チリチリに縮れた翅をして生まれてくることがある（**図1－2**）。翅が縮れるとハチとしては致命的である。飛ぶことができず，蜜や花粉を採りに行くことができない。他のハチが集めてきた蜜を翅で扇いで濃縮し，ハチミツに変えることもできない。巣内温度を調節するために排風することも，巣内の清掃もできない。

　また，チヂレバネウイルスに感染したハチは，程度の差はあるが，発達が不十分で体重は軽く，腹部は短く変色しており，弱々しく短命である（de Miranda and Genersch, 2010）。翅が縮れていない個体でも，飛ぶことができずに歩き回るだけのものもある。このように，チヂレバネ症のハチは生まれてきてもほとんどハチらしい仕事はできず，コロニーの維持発展に貢献することなく，自らコロニーを離れ短い生涯を終えることになる。このようなハチが増えると，コロニーは機能しなくなり崩壊してしまう。

　このチヂレバネウイルスは，ハチにどのように感染するのだろうか。感染のルートには，ヘギイタダニが媒介する感染（水平感染）のほかに[4]，親から子への感染（垂直感染）もある。重要なのは前者だが，チヂレバネ症を正確に理解するには後者から検討する必要がある。

　女王バチないしその交配相手の雄バチがチヂレバネウイルスを保有していると，その子孫に伝染することがある。ただし，この垂直感染によって必ずチヂレバネ症を発するというわけではない。ウイルスを保有していても不顕性（発症しないこと）であることは珍しくない（de Miranda and Genersch, 2010）。チヂレバネウイルスに感染していてもウイルス量が乏しければ，翅の縮れや発育不良といった顕著な症状を呈することはない。

しかし，発達段階に多くのウイルスに侵されると，体の成長は阻害され翅も縮れてしまう。これをもたらすのがヘギイタダニである。Gisderら（2009）によれば，10^8のウイルスゲノム当量しか有していないダニに寄生されてもハチがチヂレバネ症を呈することはないが，その100倍から1万倍にあたる10^{10}ないし10^{12}ものゲノム

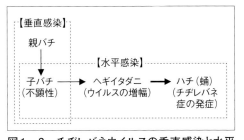

図1－3　チヂレバネウイルスの垂直感染と水平感染の図
矢印はチヂレバネウイルスの移動方向を表している。（筆者作成）

当量を有するダニにかかると，チヂレバネ症になりやすい。ヘギイタダニは自らを培地としてウイルスを増幅し，寄主に大量のウイルスを送り込み（水平感染），チヂレバネ症を発症させているのである（**図1－3**）。

　こうして見ると，ヘギイタダニは単なるチヂレバネウイルスの媒介者に留まらず，増幅者でもあることがわかる。一方で，ヘギイタダニの介在がなければ，垂直感染でチヂレバネウイルスを保有することになっても深刻化しないことがうかがえる。ウイスルの媒介者であり増幅者でもあるヘギイタダニを抑えることこそが，チヂレバネウイルスによる蜂群の弱体化を防ぐ重要な鍵なのである。

3．吸血ダニではなく食蜂ダニ

　ヘギイタダニは，ウイルスの媒介者としての側面ばかりが強調されるきらいがあるが，ウイルスを媒介しない場合でも，寄生者として寄主に直接及ぼす影響も大きい[5]。

（3）ヘギイタダニが媒介するウイルスは，チヂレバネウイルスのほかに，カシミール蜂ウイルス（*Kashmir bee virus*），イスラエル急性麻痺ウイルス（*Israel acute paralysis virus*），遅発性麻痺ウイルス（*Slow paralysis virus*），慢性麻痺ウイルス（*Chronic paralysis virus*）などが知られている（カクゴウイルス（*Kakugo virus*）は，A型チヂレバネウイルスに含まれる）。ところで，黒色女王蜂児ウイルス（*Black queen cell virus*）もヘギイタダニが媒介していると論じるものもあるが，通説ではノゼマが媒介しており，ヘギイタダニの寄与は低い（国見ら，2021：16）。
（4）水平感染のルートには，ヘギイタダニ以外にも，働きバチ同士のグルーミングや栄養交換もあるが，重要ではない。
（5）すでにヘギイタダニが害虫として認識されていた明治時代の日本の養蜂書には，翅の縮れたハチについての言及はない。また，アメリカ合衆国においても拡大の初期に，チヂレバネ症は観察されていなかった（Rinderer and Coy, 2020：10）。

図1−4　脂肪体を食べるヘギイタダニ
ヘギイタダニは，ミツバチの腹部の腹側の第3節あたりに寄生し，
主に脂肪体を食べている。

　このヘギイタダニが及ぼす直接の影響について，かつては，ヘギイタダニはミツ
バチに寄生し体液（血リンパ）を吸うと説明されてきた（De Jong *et al.*, 1982）[6]。
しかし，現在では，ヘギイタダニは食蜂ダニであることが明らかになっている（図1
−4）。

　これを反論の余地なく徹底的に調べたのがRamseyら（2019）である。Ramseyら
は，蛍光色素標識を用いて，ミツバチに寄生したヘギイタダニの腸を調べた。その
結果，そこから見つかったのは寄主であるミツバチの脂肪体の蛍光標識であり，血
リンパからのものではなかった。また，ミツバチの体節間膜には，顎体部（口器に相
当）によって傷つけられた痕と口腔外消化によって劣化している痕が見つかった。さ
らに，血リンパを主食にしていれば当然多くの水分が排出されて然るべきであるの
に，排泄物（グアニンなど）の水分は非常に少なかった。ほかにも，顎体部と消化
器系の構造上，ヘギイタダニには血リンパを吸うのに必要な付属肢がなく，外部で
消化してから半固形組織を食べるようになっている。中腸はあるものの，酵素で消
化するようにはなっていない。そもそも，昆虫の血リンパは脊椎動物の血液と比べ
て栄養価が低く食料として劣っている。それに対し脂肪体には栄養が豊富に含まれ
ており，ヘギイタダニにとって望ましい食料になっている。こうした証拠から，ヘ
ギイタダニは文字どおりハチの体を食べていることが明らかになったのである。

　ミツバチにとって，脂肪体は重要な器官である。脂肪体は，栄養の保存だけでな
く，ホルモン調節や免疫応答，殺虫剤の解毒などの重要な機能を担っており，ヒト

にとっての肝臓に相当する。それが損傷を受ければ，ハチの健康は大きく損なわれることになる（Ramsey *et al.*, 2019）。

4. 生活史

　ヘギイタダニの生涯は，育房での繁殖と成蜂への外部寄生のふたつに大別され，前者を「繁殖期」，後者を「便乗期」と呼ぶ。

　防除の観点から重要なのは前者の繁殖で，これは育房で行われる。詳細は第5章の「雄バチ巣房トラップ法」のところで検討するが，「創始者」となる交尾済みの雌ダニは，蓋掛け直前の巣房に入り込み，蓋掛けから約70時間後に無精卵を産み，以後約30時間間隔で4，5個の有精卵を産む。前者の無精卵からは雄ダニが生まれ，後者の有精卵からは雌ダニが生まれる。雌ダニは約130時間かけて成熟し，先に生まれ成熟した雄ダニとその巣房内で交配する。ミツバチの蛹が成虫になり出房する時に，成熟した雌ダニも同時に巣房から出ていく。

　巣房から出ると，雄ダニと未成熟の雌ダニは死んでしまうが，それ以外の成熟した雌ダニは，他の看護バチなどに外部寄生し始める。便乗期の始まりである。便乗期の間，ヘギイタダニは，ハチの腹部の腹側や側面にしがみつき，あるいは腹板の間などに潜んで，他のハチへの再便乗や蜂児巣房への侵入の機会をうかがっている。この外部寄生の期間は，一般的に2日から8日（平均5日）とされている[7]。

　このような蜂児巣房内での繁殖と成蜂への外部寄生のサイクルを1.5〜3回ほど繰り返し，ヘギイタダニはその生涯を終える（Rinderer and Coy, 2020:89）。

5. ヘギイタダニ起因の合併症

　ヘギイタダニはミツバチの脂肪体を食らうだけでなく，チヂレバネ症や麻痺病の病原を媒介したりもするが，問題はそれだけに留まらない。ハチが減りコロニー全体が弱体化することで，ヘギイタダニ起因ではない他の病気[8]にもかかりやすくな

（6）これは，誰かが推測で述べたことが無批判に引用され，いつの間にか定説化したものである。
（7）ただし，必ずその期間内に蜂児巣房へ侵入するとは限らず，冬季など蜂児巣房がない時期はかなりの期間にわたって外部寄生を続けることもある。
（8）たとえば，ノゼマ病のような微胞子虫由来の病気のほか，腐蛆病やチョーク病などの細菌性の病気がある。

る。

　ヘギイタダニは，個々のハチだけではなく，コロニーの社会的免疫をも破壊し，蜂群を滅ぼしてしまうのである。

6. 世界的まん延

　現在猛威を振るっているヘギイタダニは，どのように世界中のセイヨウミツバチに寄生するようになったのだろうか。De Jongら（1982）のまとめによると，ヘギイタダニはロシアと日本のふたつのルートを通して，世界中に分布するようになった。

　元々，ミツバチヘギイタダニ属のダニは東アジアや東南アジアに棲息するトウヨウミツバチ（*Apis cerana*）を寄主としていた。それが1900年頃にインドネシア・ジャワ島のスマランでEdward Jacobsonによって発見され，1904年にオランダのOudemansによってバロア・ヤコブソニ（ジャワミツバチヘギイタダニ，*Varroa jacobsoni*）として分類・命名された（Oudemans, 1904）[9]。1912年には，その西に位置するスマトラ島でも発見された。その頃はまだ，ミツバチヘギイタダニ属のダニはトウヨウミツバチの寄生者にすぎないと認識されていたが，1960年代初期には，フィリピンのセイヨウミツバチに寄生しているのが確認されるようになった。

　ヘギイタダニが，いつヨーロッパに感染を拡大させたのかについては明確ではない。それでも，すでにトウヨウミツバチが分布を広げていたロシア・極東のプリモルスキー（沿海）地方には，ニコライ2世が派遣した開拓団によってウクライナからセイヨウミツバチが持ち込まれており[10]，その頃にヘギイタダニ（*Varroa destructor /* Russia（Korea）haplotype）は，トウヨウミツバチからセイヨウミツバチに寄主転換を果たしたと考えられる。

　1949年には，プリモルスキー地方からモスクワに移されたトウヨウミツバチから，ヘギイタダニが見つかっている。その後，1960年代後半から1970年代にかけてヨーロッパ各地でセイヨウミツバチへの寄生が報告されるようになった。

　アメリカ大陸への感染拡大は，1971年に日本の養蜂家が南米のパラグアイにセイヨウミツバチを持ち込んだことが契機となっている。1972年には，その感染したハチがブラジルのサンパウロへ輸出され，1975年にはアルゼンチンで，1976年にはウルグアイでヘギイタダニが発見された。

　南米のヘギイタダニが北米に到達したのは1980年代である。アメリカ合衆国で

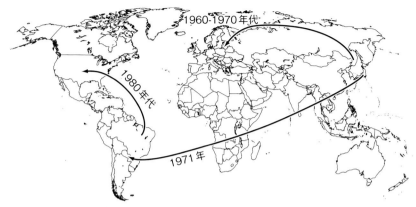

図1－5　ヘギイタダニの世界的まん延のルート
（筆者作成）

は，1922年からミツバチの輸入は禁止されてきたが，1987年にヘギイタダニの存在が報告された（Anonymous, 1987）。現在では，オーストラリアなど一部の国や地域を除く世界のほとんどの地域にまん延している（**図1－5**）[11]。

　日本では，アメリカ合衆国から輸入されたイタリアミツバチの飼育が1877（明治10）年に開始された（農商務省農務局，1891：249-250）。日本はトウヨウミツバチの棲息地であることから，ほどなくしてヘギイタダニに寄生されたものと推測される。日系のバロア・デストラクター（*Varroa destructor* / Japan haplotype）は，1896年に出版された青柳浩次郎著『蜜蜂』において「蜂虱」として紹介されており，これが世界で最初のヘギイタダニについての報告ということになる。詳細については後述する（157ページ）。

　なお，ヘギイタダニは現代では，ジャワミツバチヘギイタダニとは別物と理解されているが，両者のゲノムの99.7％は一致しており，事実上区別は困難である（Techer *et al.*, 2019）。そのため，両者は，Anderson と Trueman（2000）が形態や遺伝型を包括的に調べるまでは混同されてきた。

（9）属名は，ミツバチの巣房が六角形の理由（ハニカム予想）を論じた，古代ローマの著述家マルクス・テレンティウス・ヴァッロ（Marcus Terentius Varro, B.C.E.116-B.C.E.27）の名からとられた。
（10）シベリア鉄道が開通した19世紀末から20世紀初頭だと考えられている。
（11）オーストラリアの港湾都市タウンズビルでは，2016年以降，2021年5月まで3度にわたり野生のトウヨウミツバチとジャワミツバチヘギイタダニ（*jacobsoni*）が見つかっているが，いずれのケースも根絶に成功している。

第２章

アカリンダニ

1. はじめに

　アカリンダニ（*Acarapis woodi*）とは，ホコリダニ科アカラピス属の，長さ約0.16mm，幅約0.08mmの微小なダニである[1]。ダニの中では最小の部類であり，ヘギイタダニと比べても1/10以下の大きさであるため，肉眼で確認することは事実上不可能である（**図2−1**）。

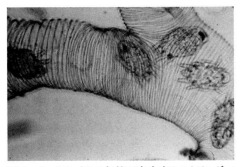

図2−1　ミツバチの気管に寄生するアカリンダニ（雌）
（出典）de Guzman（USDA）（PD）

　寄生対象は専ら成蜂で，主に出房したばかりの若いハチ（4日齢未満）に寄生する。9日齢以上のハチは対象ではなく，新たに寄生されることはない。卵や幼虫，蛹も寄生の対象ではない。

2. 気管を詰まらせ飛翔筋にダメージを与える

　アカリンダニの寄生部位は，主に前胸の気管（Hatjina *et al.*, 2004）である。気管

---

(1) この大きさは雌ダニの場合。雄ダニはそれよりも一回り小さい。

の開口部である気門付近に寄生し産卵することが多いが，その他気嚢などにまで侵入することもある。アカリンダニはそこで血リンパを吸って繁殖し，生きながらえている。

この吸汁行動の結果，何らかのウイルスが媒介されることはないと考えられているが，ハチの飛翔筋のグリコーゲン顆粒が枯渇するためエネルギー切れを起こし，飛翔筋を動かすことができなくなる（Liu, 1990）。その上，繁殖したアカリンダニそのものや，それに起因するゴミなどが気管を詰まらせ，ハチの呼吸を難しくする。ミツバチの気門は胸部だけでなく腹部にもあるが，アカリンダニが好んで寄生する前胸の第1気門は，飛翔時だけでなく通常時も使われている。この主要な気門の通じる管が詰まると酸素供給は妨げられ，有酸素性エネルギー代謝（ミトコンドリアにおけるATP生成）もおぼつかなくなる。

言うまでもなく，ミツバチは飛翔のために多くのグリコーゲンと酸素を必要とするが，気管が詰まったハチは飛ぶことができない。そのため，採餌行動は抑制され，ハチミツの生産量は減り，ハチも増えずコロニーは衰退していく。

さらに重要なこととして，これは冬季の蜂群の凍死の原因にもなっている。ハチは飛翔筋を使って発熱し巣内温度を保っているが，飛翔筋を動かせないとそれが困難になるためである。気温が高い春から秋の間は，コロニーは一見正常に見えるため，この問題は顕在化しにくい。しかし，晩秋から冬にかけて気温が下がる頃になるとコロニーの維持に必要な温度を保てなくなり，越冬中に貯蜜を残して凍死し，コロニーは滅びることになる（**図2－2**）。

これらハチの減少と冬季の蜂群の凍死こそが，アカリンダニ症の主要な症状である。以下検討する徘徊行動やK字翅は，アカリンダニとまったく無関係とは言い切れないが，今のところアカリンダニ起因の現象かはっきりしないため，区別して考える必要がある。

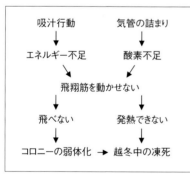

図2－2　アカリンダニがコロニーを滅ぼすメカニズム
（筆者作成）

3. 徘徊行動について

　ミツバチは，採餌行動など巣の外に出る用がない時に巣外へ出てしまった場合，速やかに巣に戻ろうとする。しかし，死期が迫ったハチは，飛ぶことなく，あるいは少しだけ飛んだあと地を這いながら巣から遠ざかろうとする。巣門に戻したり巣内に押し込んだりしても直ぐに出て巣から去ろうとする。このような行動のことを徘徊行動と呼ぶ。

　アカリンダニは気管を詰まらせてハチの飛行を困難にすることから，このような徘徊行動を，アカリンダニの寄生によるものとする向きもある。確かに徘徊行動の原因になっていることもあると考えられるが，このような行動はアカリンダニに寄生されたハチに特有のものではなく，むしろヘギイタダニやノゼマ[(2)]，慢性麻痺ウイルスに感染したハチに見られる特徴である（de Miranda *et al.*, 2013；James and Zengzhi, 2012）。そのため，この徘徊行動は何らかの異常を示してはいるものの，この一事を以てアカリンダニの寄生が断定されるわけではない。あくまでもこれは，アカリンダニの寄生を疑うきっかけになるにすぎない。

4. K字翅について

　ミツバチは前翅2枚と後翅2枚，合計4枚の翅を有している。飛翔する時は，前翅と後翅がフックで連結され1枚の翅のようになる。飛翔していない時は，翅は重ねて閉じられているが，何らかの理由によって後翅が左右に開きっぱなしの状態になることがある。この一見異様な翅の展開は，特に「K字翅（Kウイング）」と呼ばれている（図2−3）。

　アカリンダニがハチの飛翔筋に影響を及ぼしていることから，このK字翅をア

図2−3　K字翅を呈するミツバチ
一般にアカリンダニによるものと信じられているが，因果関係は明確ではない。

（2）*Nosema apis*（A型ノゼマ）のほうのノゼマ。*Nosema ceranae*（C型ノゼマ）ではない。ちなみに，C型ノゼマは下痢の症状も現れず，感染に気づきにくい（Fries *et al.*, 2006a）。

カリンダニの寄生と結びつけて論じる人もいる。しかし，アカリンダニに寄生されたハチが高い確率でK字翅になるわけではなく，K字翅のハチでもアカリンダニに寄生されていないものもある[3]。相関関係は認められるが（Maeda, 2015），必ずしも因果関係は明確ではなく，K字翅がアカリンダニ寄生の決定的な証拠になるわけではない[4]。

なぜ翅がK字翅になるのかについて，今のところ原因は解明されていない（Shutler *et al.*, 2014）。「アカリンダニの吸汁行動によって飛翔筋が麻痺し，後翅が開いているため」と説明するものもあるが，ハチに刺激を与えれば翅は正常に閉じられるので，麻痺しているわけではない。そもそも，解剖学的に言えば，飛翔筋は外骨格についていて翅には直接つながっておらず，翅の開閉には関係していない（Snodgrass, 1910:59-65）[5]。翅の動作は翅基部に付着している操縦筋が行っていることから，飛翔筋の機能不全がK字翅と単純に結びつくわけではない。

5. 繁殖サイクル

アカリンダニの雌は，ハチの気管に寄生した2日後から産卵を開始する。最初の12日間は1日あたり0.85個のペースで卵を産む。産卵のピークは24日目で，それ以降産卵ペースは急速に落ちる。性比は，およそ半々から2倍ほどで，雌のほうが雄よりも多い傾向にある（Pettis and Wilson, 1996）。

卵は3，4日後に孵化する。成ダニになるには卵の期間を含めて，雌ダニは14，15日，雄ダニは11，12日を要する（Pettis and Wilson, 1996）。

1匹のハチの中でアカリンダニが繁殖するのは，夏バチの場合は通常1世代のみで，21～25匹の子孫を残すと推定される。娘ダニは，交配後気管を出て乗り換えを始める。この乗り換えはハチが15日齢ないし25日齢の時に最も多い。雌のアカリンダニの寿命は30日から35日と推定されているため，冬季などは数世代が同じ気管内で繁殖を繰り返していると考えられる（Pettis and Wilson, 1996）。

報告によって多少のばらつきはあるが，概ね上のようなタイムテーブルに従いアカリンダニは増殖していく。1繁殖サイクルで数匹しか子孫を残せないヘギイタダニと比べると，アカリンダニの増加は爆発的なものと言いうる。

6. 世界的まん延

アカリンダニのミツバチへの寄生が知られるようになったのは，1904年にイギリスのワイト島で起きたハチの大量死事件が究明されてからである。このアカリンダニ禍は，1914年から1916年にかけてピークに達し，イギリスの95％ものミツバチが失われた（Adam, 1987：68）。1921年になって，この原因はアカリンダニだったと判明した（Rennie, 1921）。その後，アカリンダニは大陸ヨーロッパやアジア，南北アメリカ大陸へと全世界にまん延していった。

日本では，すでにその当時からアカリンダニは，蜂群崩壊を引き起こす「ワイト島病」の原因として知られていたが（平塚，1926：214），長年その寄生は報告されてこなかった。ところが，2000年代にはアカリンダニによるものと考えられる症例がインターネット上で報告されるようになり，2010年には長野県で，2011年には滋賀県で，それぞれ公式に寄生が確認された。その後，2018年までに和歌山県と高知県，一部の離島を除くほぼ全土にまん延し（Maeda and Sakamoto, 2020），多くの地域でニホンミツバチが激減したり消滅したりしている。

7. セイヨウミツバチの抵抗性

前述のイギリスの例からわかるように，アカリンダニはトウヨウミツバチだけでなく，セイヨウミツバチにも寄生し壊滅的なダメージを与える。それにもかかわらず，日本のセイヨウミツバチに大きな被害は見られなかった[6]。

このような非対称性が生じた理由のひとつに，ミツバチの系統の違いを指摘することができる。日本で飼育されているセイヨウミツバチの多くは，イタリアミツバチの系統である（高橋ら，2014）。イタリアミツバチの中でも暗い革色の系統は，ロシアミツバチほどではないが（de Guzman *et al.*, 2002），アカリンダニに対して高い抵

---

(3) 反対に，88.9％の寄生率のコロニーにK字翅のハチがいなかったケースもある。
(4) むしろK字翅は，ノゼマが媒介する黒色女王蜂児ウイルスの感染と正の相関性がある（Shutler *et al.*, 2014）。この黒色女王蜂児ウイルスは，日本では十分認識されていないが，ある調査では4割もの養蜂場から検出されており，広くまん延している（国見ら，2021：26）。
(5) ハチは，胸部の背と腹を結ぶ背腹筋と前後を結ぶ背縦走筋を交互に収縮させ，背板を上げたり下げたりして間接的に翅を下げたり上げたりしている（背板と翅の動きは逆になる）。
(6) 実際はアカリンダニに滅ぼされていたにもかかわらず原因をヘギイタダニに帰して，アカリンダニを見過ごしていたケースもあると思われる。

抗性を有しており[7]，軽度の寄生の場合は深刻な状況に陥ることはない。実際のところ，イギリスのアカリンダニ禍で滅んだのは古イギリスミツバチが主で，イタリアミツバチの系統は生き残った（Adam, 1987:97）。

アカリンダニに対する抵抗態様は，グルーミングである。セイヨウミツバチは中脚を使って移動中のアカリンダニを払い落とし，気管への侵入を防いでいる（Bourgeois *et al.*, 2015）。一方で，ニホンミツバチのアカリンダニに対するグルーミング行動は，セイヨウミツバチの半分程度の頻度でしか行われていない（Sakamoto *et al.*, 2019）。このことは，セイヨウミツバチと比較してニホンミツバチがアカリンダニに対し抵抗性が低い原因のひとつと考えられる。

---

(7) 一方で，明るい黄色の系統は感受性が高い。

第3章

寄生の徴候と
寄生率に応じた対策

1. はじめに

　ハチが減り始めたからといって，闇雲に薬を入れればよいというわけではない。逆にハチが減っていないからといって，何もしなくてよいというものでもない。ダニは見つかりにくく，気づいた時には手遅れになっていることもある。

　今さら検査するまでもなく，日本中のコロニーの大半は，すでにダニに寄生されているが，重要なのはその寄生がどの程度進行しているかである。それによって，対策も変わってくる。

　本章では，ダニの寄生の徴候の読み取りと寄生率を把握する方法を中心に解説する。寄生率の把握では，従来行われてきた方法よりも簡便で正確な「腹側撮影法（ダニ見検査法）」という方法を紹介するほか，現実的なサンプルサイズも示し，その上で，軽症，中等症，重症といった寄生率に応じた対処法も述べる。

2. 寄生の徴候

a. ヘギイタダニの場合

　ヘギイタダニは，対策していなければ，寄生から2～3年で蜂群を崩壊させてしまう。種バチを手に入れた1年目は，普通はサプライヤーが駆除を行っているため顕著な症状は現れにくいが，ヘギイタダニは養蜂家の知らぬ間に着々と増加している。そのような場合，2年目の成績は1年目と比べてぱっとしないかもしれない。もし次のような徴候が見られるなら，ヘギイタダニの寄生が疑われる。

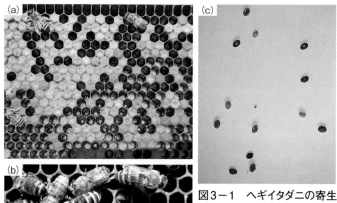

図3−1　ヘギイタダニの寄生
（a）スポット状の蜂児圏。VSH行動（121
ページ）によりヘギイタダニに寄生された
蛹は抜き取られるため，蜂児圏がまばらに
なっている。（b）ミツバチの背側に寄生
しているヘギイタダニ。この状態は重症
である。（c）底板に落ちたヘギイタダニ
の死骸。通常は働きバチが巣外に捨てに
行くため見つからないことが多い。
（出典）(b)Lila de Guzman（USDA）(PD)

(1) 春なのにハチの量が増えない

(2) 初夏なのに，ハチミツが十分貯まっていない

(3) 蜂児巣枠の枚数が少ない，あるいは増えない。蜂児圏が小さい，あるいは大
　　きくならない

(4) 新しく作られた蜂児圏がスポット状になっている（**図3−1a**）

(5) 蛹の死骸が巣の外に捨てられている（**図5−3**）

(6) 飛ばずに歩いて巣から遠ざかろうとし，巣門に戻しても巣に入ろうとしない
　　ハチがいる（徘徊行動）

(7) 翅が縮れたハチがいたり，そのような死骸が落ちたりしている（**図1−2**）

(8) ハチの背中に赤い粒のようなもの（ヘギイタダニ）がついている（**図3−1b**）

(9) 巣箱の底や巣門付近に赤黒い粒のようなもの（ヘギイタダニの死骸）が落ち
　　ている（**図3−1c**）

以上，9つの徴候を挙げた。(1) から (9) に行くに従って，寄生の疑いが濃厚で
ある。

表3−1　ヘギイタダニ寄生のチェックリスト

徴候・症状など	寄生の可能性	取るべき行動
• 春なのにハチの量が増えない • 初夏なのにハチミツが十分貯まっていない • 蜂児巣枠の枚数が少ない，あるいは増えない。蜂児圏が小さい，あるいは大きくならない	寄生の疑いがある	寄生率を調べ，必要に応じて防除を行う
• 新しく作られた蜂児圏がスポット状になっている • 蛹の死骸が巣の外に捨てられている • 飛ばずに歩いて巣から遠ざかろうとし，巣門に戻しても巣に入ろうとしないハチがいる（徘徊行動）	寄生の可能性が非常に高い	寄生率を確認後，それに応じた防除計画を立て実行する
• 翅が縮れたハチがいたり，そのような死骸が落ちたりしている • ハチの背中に赤い粒のようなもの（ヘギイタダニ）がついている • 巣箱の底や巣門付近に赤黒い粒のようなもの（ヘギイタダニの死骸）が落ちている	ほぼ確実に寄生されている	早急に治療を行う

（筆者作成）

　最初の (1) (2) (3) は，気候や蜜源の状況に左右されることがあり，ヘギイタダニとは無関係の場合もあるが，前年の実績や他の群れの状況と比較して大幅に出遅れているようであれば，ヘギイタダニが原因になっている可能性がある。

　その次の (4) (5) (6) は，必ずしもヘギイタダニの寄生に特有のものというわけではないが，その疑いは強い。少なくとも何らかの異常が生じているサインであることは間違いなく，今日においてはヘギイタダニに寄生されている可能性が非常に高い。

　最後の (7) (8) (9) の徴候がある場合は，ほぼ確実にヘギイタダニに寄生されている。放っておくと近いうちに蜂群崩壊を起こす可能性があり，周囲のコロニーにヘギイタダニの感染を広げることにもなる。そのため，早急に治療を行う必要がある（**表3−1**）。

b. アカリンダニの場合

　アカリンダニ寄生の発見には，より注意深い観察力が求められる。というのも，アカリンダニに寄生されてもハチの死亡率が直ちに上がるわけではなく[(1)]，春や夏

---

(1) 死亡率が若干高くなる傾向はある。

図3-2　アカリンダニの寄生
貯蜜を残して凍死したコロニーの典型例。通常はハチミツが切れない限り越冬中に群れが凍死することは起こらないが，アカリンダニに寄生されていると，発熱できるハチが足りず温度を維持できずにハチミツを使い切る前に凍死してしまう。

にかけては事実上無症状の場合が多いからである。一方，気温が下がる晩秋から冬にかけて，症状は顕著に現れるが（Bailey, 1958），その頃には手遅れになっていることが多い。それでも，まったく手掛かりがないわけではない。

(1)　K字翅のハチが目につく（**図2-3**）

(2)　飛ばずに歩いて巣から遠ざかろうとするハチが目につく（徘徊行動）

(3)　巣の前に普段よりも多く死骸が転がるようになった

(4)　蜂球が非常に小さく，握りこぶしほどの大きさになっている

(5)　春なのにハチの量が増えない

(6)　越冬中に貯蜜を残してコロニー全体が凍死している（**図3-2**）

　最初の (1) (2) は，アカリンダニに寄生されると顕著に現れると信じられている徴候である。前章で述べたように，K字翅や徘徊行動とアカリンダニ寄生の因果関係は必ずしも明確ではないが，何らかの異常があることを示しているため，これらの徴候に気づいたならアカリンダニの寄生を疑ったほうがよい。こうした徴候を呈したハチを1匹や2匹ではなく頻繁に見かけるようになったなら，念の為にアカリンダニの寄生の有無を確認する必要がある。

　その次の (3) (4) (5) も，必ずしもアカリンダニ特有のものとは言えないが，アカリンダニが原因になっていることもあり，その寄生が強く疑われる。しかし，アカリンダニだった場合は症状としては末期的であり，その時点で治療を施してもコロニーの回復は容易ではない。

徴候・症状など	寄生の可能性	取るべき行動
• K字翅のハチが目につく • 飛ばずに歩いて巣から遠ざかろうとするハチが目につく（徘徊行動）	寄生の疑いがある	頻繁に見かけるようなら寄生率を調べる
• 巣の前に普段よりも多く死骸が転がるようになった • 蜂球が非常に小さく，握りこぶしほどの大きさになっている • 春なのにハチの量が増えない	寄生の可能性が高い	寄生率を確認後，それに応じた防除計画を立て実行する
• 越冬中に貯蜜を残してコロニー全体が凍死している	寄生の可能性が非常に高い	他のコロニーを守る行動をとる

（筆者作成）

　最後の（6）は，徴候と言うよりはもはや症状で，アカリンダニに滅ぼされたコロニーによく見られる最期の状態である。滅んだコロニーを蘇らせることはできないが，周辺コロニーにもアカリンダニ感染が拡大している可能性が高いため，それらに防除を施すきっかけになる（**表3－2**）。

3. 寄生率の定義とその調べ方

a. 寄生率という概念

　ミツバチのコロニーがどの程度ダニに寄生されているのかを示すものとして，寄生率という概念がある。通常，寄生率はダニに寄生されているハチの数を，検査したハチの数で割って求める。アカリンダニの寄生率の計算はこの方法で行う。

　しかし，ヘギイタダニの場合はやや変則的である。ヘギイタダニの場合は，見つかったダニの数をサンプルのハチの数で割り，100匹あたりのダニの数を算出したものが寄生率である。ヘギイタダニは，1匹のハチに2匹以上ついていることがあるため，実際よりも高い寄生率が出てしまうことも起こりうる[2]。

　このような奇妙な「寄生率」の出し方をするのは，シュガーロール法など従来から用いられている寄生率モニタリング手法でわかるのが落下したダニの数だけで，現実に寄生されているハチの数まではわからないからである。そのため，正確を期した論文などでは，「ハチ100匹あたりのダニの数」という書き方をしている。もっ

(2) 形式的に寄生率が100%を超えることもありうるが，現実には，そうなる前に蜂群は崩壊しているだろう。

とも，「ハチ100匹あたりのダニの数」という表現は冗長であるし，今さら定義を変更するわけにもいかないので，「寄生率」という表現で通されている。本書で用いる寄生率という概念も，この慣例にならっている。

　なお，蜂児が存在する場合でも，あくまで成蜂の数とそれに寄生していたダニの数をもとに寄生率を算出する。蜂児の数は季節によって変動するのだから，蜂児がいるからといって単純に2倍にするなどの操作を加える必要はない。

b. ヘギイタダニの検査方法

　ヘギイタダニの寄生率を調べる方法はいくつかあるが，現在はハチを殺さずに済む検査方法が支持されており[3]，最もポピュラーなものに粉砂糖を用いるシュガーロール法がある。ハチを粉砂糖とともに瓶に入れシェイクし，寄生しているヘギイタダニを落として数えるという方法である。

　これに対して，本書ではより手軽で正確な検査方法として「腹側撮影法」を提案している。透明なケースにハチを入れて下からデジタルカメラで撮影し，画像を拡大して寄生状況を調べる方法である。

・シュガーロール法

　シュガーロール法とは，瓶に粉砂糖とミツバチを入れ，2～3分ゆっくりシェイクしダニをハチから離れさせ，粉砂糖の中に混じっているダニをカウントする方法である。これは，現在のところ，ヘギイタダニの寄生率を把握するための一般的な方法のひとつとなっている[4]。

　具体的な手順は，**図3－3**に示してある。サンプルのハチは，通常なら200匹もいれば十分である。予想される寄生率が5%以下なら73匹で十分である（39ページ）。見つかったダニの数を，サンプルとして捕まえたハチの総数で割って，寄生率を算出する。

　しかし，このシュガーロール法には，サンプルとして捕まえたハチの数が正確にはわからず，あるいは一定しないため，寄生率が大雑把なものになってしまう問題がある。これは今後の対策を立てるための寄生率調査という趣旨に照らせば根本的な欠点である。さらに，検査の準備や実施に時間を取られるという実際上の問題も大きい。その他，食べ物である粉砂糖が無駄になる上，ハチに付着した粉砂糖が正常な呼吸を妨げハチの寿命を縮めてしまう問題もあり，決してベストとは言えない手法である。

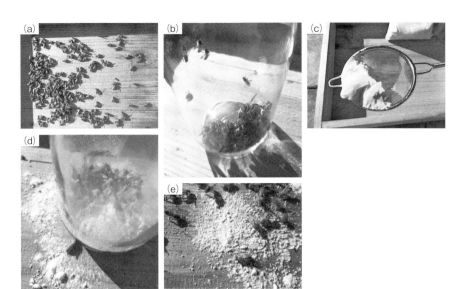

図3−3 シュガーロール法によるヘギイタダニの寄生率調査
シュガーロール法の実施に必要な道具は，粉砂糖，広口の瓶，スプーン，紙コップ，はかりである。まず，瓶とその蓋の重さを量っておく。
(a) 蜂児枠についたハチを養蜂箱の蓋の上に落とす。(b) 紙コップでハチをすくい取り瓶の中に入れ，蓋をして重量を量り，ハチの数を計算する（ミツバチは1匹あたり約0.09gなので，200匹のハチは約18gになる）。足りない場合は別の巣枠のハチを落とし追加する。(c) 瓶の中に粉砂糖をひと匙入れる。(d) 2〜3分ゆっくりシェイクし，2〜3分放置し，ダニをハチから離れさせる。(e) 瓶を空にし，ヘギイタダニを探してカウントする。

● デジカメで手軽に調べる「腹側撮影法（ダニ見検査法）」

　もし砂糖を無駄にせず，ハチの寿命も縮めず，より正確かつ簡単に寄生率を把握したいのなら，シュガーロール法ではなく「腹側撮影法（ダニ見検査法）」を行うのがよい。これは，ヘギイタダニは背側にいることのほうが珍しく，通常は腹側にいることに着目した検査方法である（**口絵，図3−4**）。

　腹側撮影法では，ハチを透明なケースに落とし蓋をして，下側からデジタルカメラで撮影し，ハチの腹部の腹側を調べる。具体的な方法は**図3−5**に示してある。

(3) ハチを捕まえてアルコールや石鹸水に浸して殺してから，ダニとハチの数をカウントする方法や，冷蔵庫などで冷やし仮死状態にしてからカウントする方法などがある。後者の方法は，冷やしすぎるとハチは死に，死んでいなければ温まると蘇生するが，帰る巣がわからないのでやはり死ぬ。
(4) 「シュガーロール法」という場合，ヘギイタダニ駆除の手段としてのものもある（96ページ）。名前が区別されておらず紛らわしいが，ヘギイタダニ駆除のためにシュガーロール法を用いる人は，おそらくほとんどいないことから，普通はヘギイタダニの寄生率を把握するための手段としてのそれを指す。

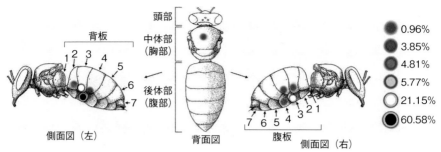

図3－4　ヘギイタダニが寄生しやすい部位
約82%のヘギイタダニが腹部の腹側の第3節にある腹板にいる。対して，胸部の背板には約5%しかいない。背板のダニは乗り換えや蜂児巣房への侵入を企んでいるダニである。
（出典）Ramsey *et al.*（2019）より引用

　検査匹数にカウントするのは，腹側を確認できたハチのみである。腹側が隠れている場合や，ピンぼけや暗さのために確認できない場合はカウントしない。見つかったダニの数を検査匹数で割って100を掛けた値がサンプルの寄生率である。

c. アカリンダニの検査方法

・解剖検査

　アカリンダニは微小であり，その上，気管内に寄生するため，肉眼で発見することはできない。また，徘徊行動やK字翅といった徴候は，何らかの異常のサインではあるものの，アカリンダニが寄生していることの決め手になるわけではない。そのため現状では，解剖して顕微鏡で確認し診断するしかない。

　解剖検査に必要な道具は，50倍から100倍程度の顕微鏡と，精密な作業が可能なピンセットである（**図3－6**）。カッターナイフや虫ピンがあるとより便利である。検体は，巣から遠ざかろうとしている徘徊バチや雄バチ，あるいは蜂児圏にいる若齢のハチが望ましい。検体数は少なくとも20は必要であるが，50ほどあれば足りる。

　確認するのは，アカリンダニが寄生する胸部の気管である（**図3－7**）。胸部といってもハチの胸部は，前脚が生えている前胸，中脚と前翅が生えている中胸，後脚と後翅が生えている後胸の3つに分かれている。アカリンダニが侵入口としているのは前胸と中胸の境界付近にある第1気門である。そこから侵入したアカリンダニは首のほうに伸びる気管に寄生するため，主に前胸を調べることになる。

　解剖の手順は，以下のとおりである。まず，ハチの体が動かないように胸部を

図3−5　「腹側撮影法」によるヘギイタダニの寄生率調査

（a）クリアファイルケースの上で蜂児巣枠を軽く叩きハチを落とす。ハチを挟まないように素早く蓋を閉じる。（b）デジタルカメラで下からハチの腹側を撮影する。1枚の画像には収まらないので重複しないように数枚に分けて撮影する。同じサンプルの撮影をやり直す場合などは，養蜂箱など無関係な画像を挟み込むと確認時に混乱を避けられる。カメラによってはオートフォーカス機能などに差があり，うまく撮影できないこともあるので，その場合は，虫眼鏡で確認してもよい。なお，上の写っているハチの数は12匹だが，腹側を確認できるのは10匹なので検査数は10匹とする。ダニは写っていないので，ダニの数は0匹とする。（c）ハチの総数は12匹，検査数は9匹，ダニの数は1匹。一番下のハチの右側面（向かって左）にダニがついている。見つけたダニの数を，腹側を確認できたハチの数で割って100を掛けたのがヘギイタダニの寄生率（ハチ100匹あたりのダニの数）である。ピンぼけや，薄暗かったり重なったりして腹部を観察できなかったハチは検査匹数にはカウントしない。（d）ハチの腹側の様子。このハチは寄生されていない。胸部の腹側にヘギイタダニがついていることは多くない。胸部のクチクラや脚は光沢があり，ヘギイタダニと見間違えやすい。

しっかり固定し，頭部を除去する。次に，胸部の「カラー」と呼ばれる頸から肩の輪状の外皮を引き剥がす。さらに，前胸部の気門付近の外皮を剥がして気管を露出させる（**図3−8**）。

　気管の色は通常は半透明ないし白色であるが，もし赤黒くくすんでいればアカリンダニに侵されている（**口絵**）。感染初期の場合は色素沈着していないこともある

図3-6 観察に用いる50倍率の
顕微鏡と精密ピンセット

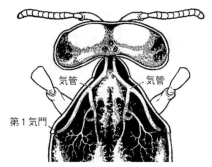

図3-7 アカリンダニが寄生しやすい部位
アカリンダニは，主に前胸の気管に寄生する。侵入
口の第1気門は，前胸と中胸の境界付近にある。
（出典）Snodgrass（1910:117）（Cornell University
Library所蔵）より部分引用（PD）

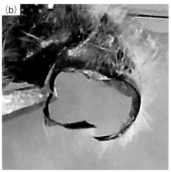

図3-8 アカリンダニ検査のため
の解剖
（a）胸部をピンセットで強く掴んだり，
虫ピンなどで固定して頭部を除去す
る。（b）カラーと呼ばれる胸部の襟
の部分。ピンセットで引きちぎって取る。

ので，気門付近の気管を顕微鏡でよく調べ，アカリンダニの寄生の有無を確認する
（Sammataro, 2006）。

4. サンプリング——何匹のハチを調べればよいのか

a. 寄生率が予想できる場合はさらにサンプルサイズを減らせる

　ヘギイタダニの寄生率を把握したい場合，一体何匹のハチを調べればよいのだろ
うか。統計学的には，コロニーのハチの総数が2万匹の場合，信頼水準95％，許容
誤差±5％の寄生率を導き出すには，377匹以上のハチを調べる必要がある[5]。たと
えばコロニーのハチの数が2万匹（母集団）で，そのうちの400匹（標本）をサンプ

表３−３　コロニーの規模と事前に予想されるヘギタダニの寄生率とサンプルサイズの関係

		コロニーのハチの総数（匹）					
		5,000	10,000	20,000	40,000	60,000	無限母集団と みなした場合
事前に予想される寄生率（回答比率）	5%, 95%	72	73	73	73	73	73
	10%, 90%	135	137	138	138	138	139
	15%, 85%	189	193	195	195	196	196
	20%, 80%	235	240	243	245	245	246
	25%, 75%	273	281	285	287	287	289
	30%, 70%	304	313	318	321	321	323
	40%, 60%	344	356	363	366	367	369
	50%	357	370	377	381	382	385

信頼水準は95％, 許容誤差は±5％に固定してある。ミツバチの場合は母集団が十分に大きいので, サンプルサイズはコロニーの規模にほとんど影響されない。
（筆者作成）

ルとして調べたところ40匹のヘギタダニがいるのなら, サンプルの寄生率（標本比率）は10％ということになる。ただし, 許容誤差は±5％なので, そのコロニー全体のヘギタダニの寄生率（母比率）は, 95％の信頼水準で5％から15％の間（信頼区間）のどこかにあると推定される。

　しかし, 母集団2万匹として, 377匹以上ものサンプルを調べるのは現実には困難である。もっとも, この377匹という数は寄生率がまったく不明の場合を想定したものであり, あらかじめ寄生率の予想がついている場合はサンプルサイズをさらに小さくすることが可能である（**表３−３**）。ヘギタダニの場合は, 寄生率は高くても15％前後と思われるので, 実際に必要なサンプルは200匹程度で足りるだろう。普段から防除を徹底して行っているなら100匹でも十分である。

　もちろん, 寄生率は事前にはわからない建前なので, 予断を排除しサンプルを377匹以上（母集団を2万匹, 寄生率を50％と想定）としたほうが安全であるし, サン

---

(5) 有限母集団のサンプルサイズ（n）を求める式は以下のように与えられる。

$$n = \dfrac{N}{\left(\frac{e}{z}\right)^2 \times (N-1) \times \frac{1}{p(1-p)} + 1}$$

N：コロニー全体のハチの数（例：20,000）　e：許容誤差（例：0.05）　z：標準正規分布における信頼水準の分位点の近似値（例：1.96）　p：予想される全体の寄生率（不明の場合は50％として0.5とする。20％と予想されるなら0.2となる）

なお, 無限母集団とみなしてサンプルサイズを求める場合は, 以下の式で算出する。

$$n = \dfrac{1}{\left(\frac{e}{z}\right)^2 \times \frac{1}{p(1-p)}}$$

表3－4　逐次抜取検査を実施する場合の基準

スキーム	スキーム1		スキーム2		スキーム3	
	合格：寄生率10%以下 不合格：寄生率30%以上 第1種の過誤：0.10 第2種の過誤：0.05		合格：寄生率20%以下 不合格：寄生率50%以上 第1種の過誤：0.20 第2種の過誤：0.10		合格：寄生率5%以下 不合格：寄生率15%以上 第1種の過誤：0.20 第2種の過誤：0.10	
検定基準	10%	30%	20%	50%	5%	15%
1	—	—	—	—	—	—
2	—	—	—	≥2	—	≥2
3	—	≥3	—	≥3	—	≥2
4	—	≥3	—	≥3	—	≥2
5	—	≥3	≤0	≥3	—	≥2
6	—	≥3	≤0	≥4	—	≥2
7	—	≥3	≤0	≥4	—	≥2
8	—	≥4	≤1	≥4	—	≥2
9	—	≥4	≤1	≥5	—	≥3
10	—	≥4	≤1	≥5	—	≥3
11	—	≥4	≤2	≥5	—	≥3
12	≤0	≥4	≤2	≥6	—	≥3
13	≤0	≥5	≤2	≥6	—	≥3
14	≤0	≥5	≤3	≥6	—	≥3
15	≤0	≥5	≤3	≥7	—	≥3
16	≤0	≥5	≤3	≥7	—	≥3
17	≤1	≥5	≤4	≥7	—	≥3
18	≤1	≥6	≤4	≥8	—	≥3
19	≤1	≥6	≤4	≥8	≤0	≥3
20	≤1	≥6	≤5	≥8	≤0	≥4
21	≤1	≥6	≤5	≥9	≤0	≥4
22	≤1	≥6	≤5	≥9	≤0	≥4
23	≤2	≥6	≤6	≥9	≤0	≥4
24	≤2	≥7	≤6	≥10	≤0	≥4
25	≤2	≥7	≤6	≥10	≤0	≥4
26	≤2	≥7	≤7	≥10	≤0	≥4
27	≤2	≥7	≤7	≥11	≤0	≥4
28	≤3	≥7	≤7	≥11	≤0	≥4
29	≤3	≥8	≤8	≥11	≤0	≥4
30	≤3	≥8	≤8	≥12	≤1	≥5
31	≤3	≥8	≤9	≥12	≤1	≥5
32	≤3	≥8	≤9	≥12	≤1	≥5
33	≤4	≥8	≤9	≥13	≤1	≥5
34	≤4	≥8	≤10	≥13	≤1	≥5

（検査数：1～34）

スキーム	スキーム1		スキーム2		スキーム3	
スキーム	合格：寄生率10%以下 不合格：寄生率30%以上 第1種の過誤：0.10 第2種の過誤：0.05		合格：寄生率20%以下 不合格：寄生率50%以上 第1種の過誤：0.20 第2種の過誤：0.10		合格：寄生率5%以下 不合格：寄生率15%以上 第1種の過誤：0.20 第2種の過誤：0.10	
検定基準	10%	30%	20%	50%	5%	15%
検査数 35	≤4	≥9	≤10	≥13	≤1	≥5
36	≤4	≥9	≤10	≥14	≤1	≥5
37	≤4	≥9	≤11	≥14	≤1	≥5
38	≤4	≥9	≤11	≥14	≤1	≥5
39	≤5	≥9	≤11	≥15	≤1	≥5
40	≤5	≥10	≤12	≥15	≤1	≥5
41	≤5	≥10	≤12	≥15	≤2	≥6
42	≤5	≥10	≤12	≥16	≤2	≥6
43	≤5	≥10	≤13	≥16	≤2	≥6
44	≤6	≥10	≤13	≥17	≤2	≥6
45	≤6	≥11	≤13	≥17	≤2	≥6
46	≤6	≥11	≤14	≥17	≤2	≥6
47	≤6	≥11	≤14	≥18	≤2	≥6
48	≤6	≥11	≤14	≥18	≤2	≥6
49	≤6	≥11	≤15	≥18	≤2	≥6
50	≤7	≥11	≤15	≥19	≤2	≥6

「第1種の過誤」とは，本来合格のものを不合格としてしまう確率，「第2種の過誤」とは，本来不合格のものを合格としてしまう確率のことで，それぞれ抜取検査における「生産者危険」と「消費者危険」にあたる。

ダニ防除の場面に即して述べると，前者は，本当の寄生率は基準以下で治療は不要なのに，慌てて基準を上回っていると勘違いして不合格にし治療してしまうことを許容する確率である。後者は，本当の寄生率は基準以上で治療が必要なのに，ぼんやりして基準を下回っていると勘違いして合格にし治療しないことを許容する確率である。抜取検査では，「生産者危険」は「消費者危険」よりも低く設定するのが普通だが（不良品を見逃して市場に出すことを許容している），防除の必要なコロニー（不合格）を見逃してしまうよりは，防除の必要のないコロニー（合格）を治療したほうがましなので，本スキームでは，どれも「第2種の過誤」よりも「第1種の過誤」のほうが高くなるように設定している。

スキーム1はスキーム2よりも厳格である。いずれのスキームを採用するのかは，冬の厳しさ，地元のアカリンダニのまん延状況などを考慮して決める。さらに厳格なスキーム3は，緩やかなヘギイタダニの逐次抜取検査を行う時に用いることができる。

（出典）Frazier *et al.*（2000）より引用。スキーム3は筆者による

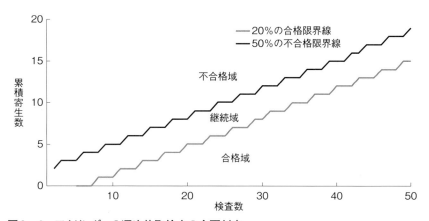

図3-9　アカリンダニの逐次抜取検査の合否判定
表3-4の「スキーム2」に基づき筆者作成。ハチの数は自然数のため，限界線はジグザグになる。

プルサイズは大きければ大きいほど寄生率は正確なものになる。

b．逐次抜取検査

　アカリンダニの検査は解剖を伴うため，サンプルサイズをいたずらに大きくすることはできない。コロニーのハチの総数が2万匹の場合，全体の寄生率を推定するには377匹以上のハチを調べる必要があるが[6]，これだけの数の検査をコロニーごとに行うのは事実上不可能である。しかし，検査の目的を「防除を行うか否か」に絞るのなら，手間を大幅に省くことができる。

　表3-4は，Frazierら（2000）をもとに検査数と検定基準を示している。アカリンダニの場合は，寄生率が30％ないし40％に達すると越冬に失敗する可能性が高まる（Bailey, 1958）。そこで例として，寄生率が30％以上なら治療し，10％以下ならそのまま静観するというスキーム（スキーム1）を検討することにしよう。

　まず，もし7匹検査するまでに寄生されたハチが3匹以上見つかることがあれば，正確な寄生率まではわからないが，そのコロニーの寄生率が30％以上であることはほぼ確実である。そのコロニーは「不合格」なので治療を行うことになるが，それ以上検査する必要もなくなる。一方，寄生されたハチが2匹以下だった場合は「不確定」，つまり寄生率が10％以下とも30％以上とも言えないため，検査を続けることになる。

　さらに5匹（合計12匹）調べるまでに，合計で4匹以上寄生されていることがわ

表3－5　ヘギイタダニの寄生率と緊急性，防除方法の目安

	寄生率	緊急性など	防除方法の例
軽症	1％以下	防除後に達成されているべき寄生率	
	2％以下	化学的防除は不要	雄バチ巣房トラップ法（87ページ）を引き続き行う
	2％超 5％以下	合成殺ダニ剤やギ酸などは使用すべきではない 成り行きを見守ることもできる	乳酸（70ページ），チモバール（74ページ），雄バチ巣房トラップ法などの緩やかな防除方法で対応
中等症	5％超 15％未満	寄生の程度，蜂児圏の様子やハチミツの貯まり具合，他の群れとの比較，ヘギイタダニ抵抗性の強弱，採蜜の予定，時季などを勘案して防除計画を立てて実行する	すべての治療方法から任意に選択
重症	15％以上	早急な防除が必要。越冬困難	アピスタン（48ページ）やアピバール（50ページ），温熱療法（97ページ）などの強力な防除が必要
	20％以上	蜂群崩壊を起こしかけている 他のコロニーにも感染を広げている パフォーマンスは著しく低い	

予防線を張るようで申し訳ないが，この寄生率はあくまで「目安」である。コロニーの抵抗性や養蜂場の環境，時季などによって当然に前後する。
（筆者作成）

かれば不合格が確定する。一方で，もし1匹も寄生されたハチがいなければ，寄生率はほぼ確実に10％以下なので，「合格」となる。いずれの場合も合否が確定しているため，それ以上検査する必要はない。しかし，その中間の場合は不確定のため，検査は続行となる。このような要領で，合格あるいは不合格の基準に届くまで検査を続ける[7]（図3－9）。

　本文ではすべてのケースを説明することはできないため例示的に書いたが，表3－4を参考にしながら解剖検査の手間を省いてほしい。

5．寄生率に応じた対策

a．ヘギイタダニの場合――2％以上で何らかの対策，15％以上は早急に治療

　寄生率ごとの対応をまとめたものが表3－5である。ここでは，5％以下を軽症，

（6）それでも，信頼水準95％，許容誤差±5％の寄生率が推定されるだけである。
（7）まれに50匹まで調べても不確定のままということも起こりうるが，その場合は厳しめに評価して不合格とする。

5%から15%未満を中等症，15%以上を重症と区分している。軽症のうち，寄生率が2%以下なら特に治療の必要はない。しかし，それを上回る場合は何らかの対策を講じる必要がある。寄生率は低いほど，コロニーのパフォーマンスは高くなる傾向にあるが，むやみに防除を行うとコロニーにダメージを与えてしまうため，5%程度までの寄生率なら，乳酸や精油などの副作用の弱い緩やかな防除方法で対応するのが望ましい。あるいはコロニーの抵抗力に期待して見守ることにしてもよい。

中等症以上の場合，ヘギイタダニの影響は無視できなくなるため，アピスタンやアピバールなどによる化学的防除を含むより強力な防除方法が必要になる。

寄生率が15%以上の場合は重症で，早急に治療を行う必要がある。晩秋にそのような寄生率の場合，越冬は非常に困難である。またハチミツの収穫量などコロニーのパフォーマンスも著しく低いはずである（Currie and Gatien, 2006）。

寄生率が20%を超えているなら，最早末期的である。ヘギイタダニ抵抗性系統を除きほとんどの場合，コロニーは機能していないと思われる。

なお，動物用医薬品などで化学的防除を行ったにもかかわらず寄生率が1%超の場合は，防除失敗とみなしうる。その場合は別の方法で防除を試みる必要がある。

b. アカリンダニの場合——20%以下は防除不要

アカリンダニがミツバチに引き起こす有害な影響は，徘徊行動やK字翅ではなく，蜂量の減少と冬季の蜂群死である。

OtisとScott-Dupree（1992）は，1987年から1989年にかけて，アメリカ合衆国ニューヨーク州でアカリンダニの寄生率とコロニーの冬の死亡率の関係を調べた。その調査では，寄生率が20%以下のコロニーは軽症，20%超から60%は中等症，60%超のものは重症として分類された。

その結果を示したのが**表3－6**である。それによれば，寄生率20%以下の軽症の場合，コロニーの死亡率はいずれも8.1～9.1%であった。ペンシルベニア州における，アカリンダニ侵入前の標準的な越冬失敗率は10%だったことを踏まえると（Frazier *et al.*, 2000），軽症の場合はアカリンダニの影響を無視してもよいことになる。一方で，寄生率が60%以上の重症の場合は死亡率が約8割に上るので，必ず治療しなければならない。

寄生率と越冬時の死亡率の関係を示したのが次のグラフ（**図3－10**）である。寄生率と死亡率は，概ね正比例の関係にある。

表3-6　アカリンダニの寄生率と越冬中のコロニーの死亡率の関係

	寄生率	越冬中の死亡率			防除の 要否・方法
		Otis and Scott-Dupree （1992）	Otis and Scott-Dupree （1992）	Bailey （1961）	
		1987-1988	1988-1989		
軽症	20%以下	9.1%	8.1%	9.7%	防除不要
中等症	20%超60%以下	16.7%	33.3%	32.0%	メントールなどで防除
重症	60%超	75.0%	86.6%	82.9%	メントールで防除

寄生率は10月の値。
（出典）Bailey（1961）とOtis and Scott-Dupree（1992）より筆者作成

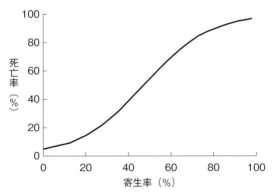

図3-10　アカリンダニの場合における寄生率と死亡率の関係
1988年10月のニューヨーク州におけるアカリンダニの寄生率と冬の蜂群死の関係。概ね正比例の関係にある。大雑把に言って，寄生率がそのまま死亡率になる。冬が長く厳しい地域では，そうでない地域に比べて死亡率がより高くなる。
（出典）Otis and Scott-Dupree（1992）より引用

6. おわりに

　ダニ対策では，この薬が効くとかあの薬は効かないとか，オーガニックであるとかないとか，どうやって使うのかとか，といった議論になりがちである。しかし，そのような治療に先立って行わなければならないのが，寄生率の調査である。患者の病期（ステージ）を把握せずに，いきなり治療を始める医者はいないであろう。寄生率の調査も立派なダニ対策の一環なのである。

　寄生率によって行うべきことは異なる。軽症ならば特に問題ない程度であるが，

時の経過により重篤化する可能性は残る。重症ならもはやコロニーは機能しておらず，冬季にはほぼ確実に消滅するだろう。中等症はその中間で，程度や時季，各養蜂家の都合や考え方に応じて防除方法を選ぶことができるし，選ばなければならない。

寄生率調査自体に生産性は感じられないかもしれないが，無闇に薬剤を使用するよりも薬代は確実に節約でき，ハチの健康も損なわずに済むので，本書を参考にしながら手間を省きつつ，実行してほしい。

第４章

化学的防除

1. はじめに

　ダニを駆除する方法は様々存在するが，一般的には化学的防除が採用されることが多い。このうちヘギイタダニに対しては，信頼性や入手可能性，作業負荷など実務的な観点から，殺ダニ剤のアピスタンとアピバールを用いるのが一般的であるが，薬剤抵抗性を発達させたダニの出現によって効果が疑問視されつつある。

　そのような中，合成化学物質に代替する手段が模索され，天然に存在する有機酸や精油に注目が集まっており，中でも，有機酸のギ酸やシュウ酸に高い関心が向けられている。だが，ギ酸やシュウ酸は腐食性が高く扱いは非常に困難である上，特にギ酸は常温で揮発しやすく，ダニの駆除効果は安定せず，ハチも少なからず犠牲にしてしまう。しかも，残念なことにギ酸もシュウ酸もハチミツに残留するため，使用すると食品衛生法上販売等ができなくなる[1]。さらには，薬機法[2]に抵触するリスクもある。

　安全性の高い有機酸としては，乳酸がある。ただし，乳酸を使った治療は効果が一時的で手間もかかるため，多群飼育の養蜂家にとっては現実的ではない。これは乳酸に限った話ではなく，製剤化されていない化学物質を使う場合，しばしばこの問題に直面する。

　精油による治療は，一定期間徐々に効果を発揮するため，一度設置すれば済む。

---

(1) 事実上，採蜜する予定のない重症のコロニーくらいしか，ギ酸やシュウ酸を使う余地はない。
(2) 正式には，「医薬品，医療機器等の品質，有効性及び安全性の確保等に関する法律」。

ただし，外気温など環境の影響を受けやすく効果が安定しないため，使用にあたっ
てはあらかじめ温度計で一日の巣箱内温度の推移を把握しておく必要がある。駆除
率が低い場合もあれば，女王バチの産卵停止や成蜂の大量死，逃去が起きたりする
こともあり，治療方法としては心もとない。

　防除の効果に加えて，化学的防除においては法令上の位置づけについて理解し，
遵守することも特に重要になる。薬剤の使用などについては，薬機法をはじめとす
る様々な法令によって規制されているが，ハチミツなどの食品を生産する産業動物
であるミツバチ（ニホンミツバチも含む）は，ウシやブタ，ニワトリなどと同じく動
物用医薬品の対象動物である[3]。動物用医薬品としての殺ダニ剤は，所轄の農林水
産省が承認したものを使う必要があり[4]，それ以外の薬剤の使用は薬機法上違法と
なる（薬機法第83条の3）。薬機法の規制を免れる化学物質も，保管などにおいて毒
劇法[5]に則った取り扱いが求められるものがあるほか，ハチミツなどの販売におい
ては，食品衛生法に基づく残留基準を満たすことも必要になる。

　化学的防除は，時間と労力を節約してくれるありがたい方法ではあるが，あくま
で対症療法的なものであって，根治にはほど遠いものであることを理解し，常用を
避け，関係する法令に則って使用する必要がある。

2. アピスタンとアピバール

　現在，ヘギイタダニ防除のために日本で用いられ一定の成果を挙げている殺ダニ
剤に，アピスタン（Apistan）とアピバール（Apivar）がある[6, 7]。ここでは，それ
ぞれの成分や効能，使用法などを整理しておく（**表4－1**）。

a. アピスタン

　アピスタンとは，タウ・フルバリネートという合成ピレスロイド系の化学薬品を，
ヘギイタダニには効くが，ミツバチには影響が少ない程度に調整し，短冊状のポリ
塩化ビニルに染み込ませたものである（**図4－1a，b**）。

　これを養蜂箱内部の巣枠の間に懸けておくと（**図4－1c**），巣内を動き回るハチが
それに接触し，その時に体に付着した有効成分がヘギイタダニの電位依存性ナトリ
ウムチャネルに作用し，神経伝達を混乱させ筋収縮を阻害する。その結果，ヘギイ
タダニは筋痙攣や麻痺，運動障害を起こして死ぬ（Davies *et al.*, 2007）。

表4−1　アピスタンとアピバールの特性・使用方法・法令関係

		アピスタン	アピバール
特性	主成分	タウ・フルバリネート	アミトラズ
	作用機序	電位依存性ナトリウムチャネルに作用する。ヘギイタダニは筋痙攣や麻痺，運動障害を起こして死ぬ	オクトパミン受容体に作用する。ヘギイタダニは麻痺してハチの体から離れ，落下し，餓死する
	ヘギイタダニの致死率	90％以上	90％以上
	薬剤抵抗性の発達	起こっている	起こりうる
使用方法	手順	巣枠間に懸垂設置（標準巣箱あたり2枚）	巣枠間に懸垂設置（標準巣箱あたり2枚）
	期間	6週間以内	6週間以内
	時期	いつでも使用可能	湿度の低い時期
法令関係	動物用医薬品の指定	あり	あり
	ポジティブリスト制度の残留基準値	0.05ppm	0.2ppm

（筆者作成）

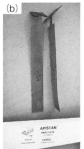

図4−1　アピスタンの使用例
（a）日本で使用可能なアピスタンのパッケージ。（b）アピスタンの担体。半透明の琥珀色の樹脂で，柔軟性がある。（c）設置の例。短冊状の担体が下に伸びている。ハチがよく集まる蜂児圏の近くに設置する。

（3）動物用医薬品等取締規則第24条第3号。
（4）ミツバチ用医薬品としては，2021年現在，フルバリネート（アピスタン），アミトラズ（アピバール），チモール（チモバール），ミロサマイシン（アピテン），タイロシン（タイラン水溶散）の5種類が承認されている。
（5）正式には「毒物及び劇物取締法」。
（6）アピスタン（日農アピスタン）もアピバールも，いずれも商標であるが，それらは養蜂の文脈においてそれぞれの主成分であるタウ・フルバリネートとアミトラズと同義で用いられることが多いため，本書もその例にならっている。
（7）アピスタンもアピバールも，ヘギイタダニ防除のための動物用医薬品で，アカリンダニに対しては効果がない（Scott-Dupree and Otis, 1992）。

この薬剤は，直接接触しなくてもすでに有効成分を体に付けているハチと接触することによっても伝わる。そのようにして薬効はコロニー全体へと広がっていき，90%以上の駆除率を達成している[(8)]。

　ところで，このピレスロイド系の薬剤は，ヒトには安全性が高いため，殺虫剤としては非常にありふれている[(9)]。たとえば，蚊取り線香など身近にある殺虫剤の多くは，このピレスロイドを含んでいる。

b．アピバール

　アピバールは，イヌのマダニ駆除剤などとして使われるアミトラズという化学物質を，プラスチックの短冊に塗布したものである。アピスタンと同様，巣箱の中に懸垂設置して用いる（**図4−2a，b，c**）。

　有効成分の伝わり方も同じで，それに接触したハチはもちろん，その薬剤の付いたハチと接触したハチにも薬効は拡散していく。

　アミトラズは，ニューロンのオクトパミン受容体に作用する。それに曝露したヘギイタダニは麻痺してハチの体から離れ，落下し，餓死する（Evans and Gee, 1980；Semkiw *et al.*, 2013）。ヘギイタダニの駆除率は90%以上である[(10)]。

　アピスタンは季節を問わずに使うことができるが，アピバールはその有効成分であるアミトラズが加水分解するため，湿度の高い季節の使用には適さない。そのよ

図4−2　アピバールの使用例
（a）アピバールのパッケージ。（b）アピバールの担体。白色なのが特徴。担体上端の三角形の切込みは折り曲げて設置できるようにしたものだと思われるが，固いため穴に細い棒を通したほうが使いやすい。（c）設置例。蜂児圏の近くに設置する。

うな都合から，アピバールは湿度の低い冬に，アピスタンは夏に，交互に用いるのが一般的である。

c. 薬剤抵抗性を発達させたヘギイタダニの出現

これらふたつの薬剤は扱いが簡単で手間がかからず効果も高く，またハチミツへの残留リスクも低く（Borneck and Merle, 1990），理想的な薬剤だった。しかし今日ではヘギイタダニが薬剤抵抗性を高め，その効果が十分得られないことが問題になっている。

アピスタンは，1980年代にスイスのサンド社（Sandoz。現在のノバルティス社）によって上市され，イタリアでは1989年に登録され使用可能となった。しかし，ヘギイタダニがアピスタンを克服するのは早く，1991年には抵抗性ダニが，イタリア・シチリア島において現れた（Hillesheim *et al.*, 1996）。1993年に，被害の大きかったイタリア北部のロンバルディアでアピスタンの効果の再テストが行われたところ，平均で44.5％しか駆除できなかった（Lodesani *et al.*, 1995）[11]。この後，イタリア各地はもちろんのこと，各国においてもアピスタン（タウ・フルバリネート）抵抗性ヘギイタダニが発見されることとなった（Thompson *et al.*, 2002）。

アピスタン抵抗性ヘギイタダニは，そうでないヘギイタダニとどこが異なるのだろうか。ヘギイタダニの神経の軸索の膜の表面には，ナトリウムイオンのチャネル（侵入口）がある。タウ・フルバリネートがヘギイタダニの体内に入ると，このチャネルが開いた状態になり，ナトリウムイオンが大量に流入するようになる。すると，ヘギイタダニの刺激伝達は異常になり，神経が正常に働かなくなる。そのような状態のヘギイタダニは麻痺して適切な運動が難しくなり，ハチにしがみついていることができずに落下し，24時間以内に餓死する。

ところが，ナトリウムイオンチャネルに関わるある特定の遺伝子に点変異[12]が突然に起きると，タウ・フルバリネートが体内に入ってもチャネルの開放はなくなり，

（8）Cabrasら（1997）は97％以上，BorneckとMerle（1990）は99％，その他の多くの研究も90％以上の駆除率を報告しており，効果は高い。
（9）代謝の仕組みがヒトと虫とでは異なり，ヒトの場合，ピレスロイドは速やかに分解され，体外に排出される。
（10）Olmsteadら（2019）は99.8％，Shahrouzi（2009）は96.68％の駆除率を報告している。
（11）ヘギイタダニは，大雑把に言ってシーズン中には1か月で2倍のペースで増えていくため，この程度の駆除率では防除したことにはならない。
（12）遺伝子のある特定の塩基が別の塩基に置き換わること。

ナトリウムイオンの流入はなくなる。その結果，神経伝達の異常は起きず，タウ・フルバリネートは効かなくなる（Wang *et al.*, 2002）。この変異が起きたものが，アピスタン抵抗性ヘギイタダニである[13]。

一方，アピバールについてであるが，ポーランドでは，日本で認可される2009年よりもずっと早い1984年から，アピバールの主成分であるアミトラズが「アピワロール（Apiwarol）」という名称で殺ダニ剤（燻蒸式）として，養蜂家の間で広く長期にわたり使用されてきた（Semkiw *et al.*, 2013）。

Semkiwら（2013）がポーランドのプワヴィで行った実験によると，駆除効果に大きな減少は見られなかったとされる[14]。この調査結果を強調するなら，アピバール（アミトラズ）の抵抗性発達の懸念は，ひとまず否定されるように思われる。

ただし，ヘギイタダニがアミトラズに対し抵抗性を発達させたとする報告がないわけではない。フランスでは，アミトラズでヘギイタダニが死ぬのに以前よりも時間がかかるようになったという報告があるほか[15]，アメリカ合衆国では，アミトラズを使った際のヘギイタダニの致死率に，州によって大きな違いが表れたことが報告されており[16]，効果の減少が示唆されている。さらに，アルゼンチンでは，アミトラズ治療後もなおヘギイタダニの寄生水準が高いコロニーの例が報告されている[17]。

現在のところ，ヘギイタダニのアピバール（アミトラズ）抵抗性発達に関する報告は，アピスタンに対する抵抗性発達に関する報告ほどには多くない。しかし，アミトラズに対しては，ウシに寄生するオウシマダニ（*Boophilus microplus*）というダニが抵抗性を発達させた例もあることから（Li *et al.*, 2004），ヘギイタダニに対してもアピバールの連用は控えるべきである。

d. 薬剤抵抗性が発達する仕組み

ダニはどのように抵抗性を発達させるのだろうか。そのメカニズムを**図4-3**に示した。ダニは一見どれも同じように見えるが，同じ種類の中でもその遺伝子は一様ではない。交配の組合せにより，または常に生じる変異などのため，多様である。その多様性があるおかげで，どんな薬剤に対しても，抵抗性のあるダニがほぼ必ず存在する。どのような強力な薬剤を用いたとしてもダニの駆除率が100%になることは，おそらくない。

ダニに効果のある薬剤が使用されると，集団内の多くのダニは死ぬが，抵抗性を有するダニと，抵抗性はないものの何らかの事情で死ななかったダニが生き残る。

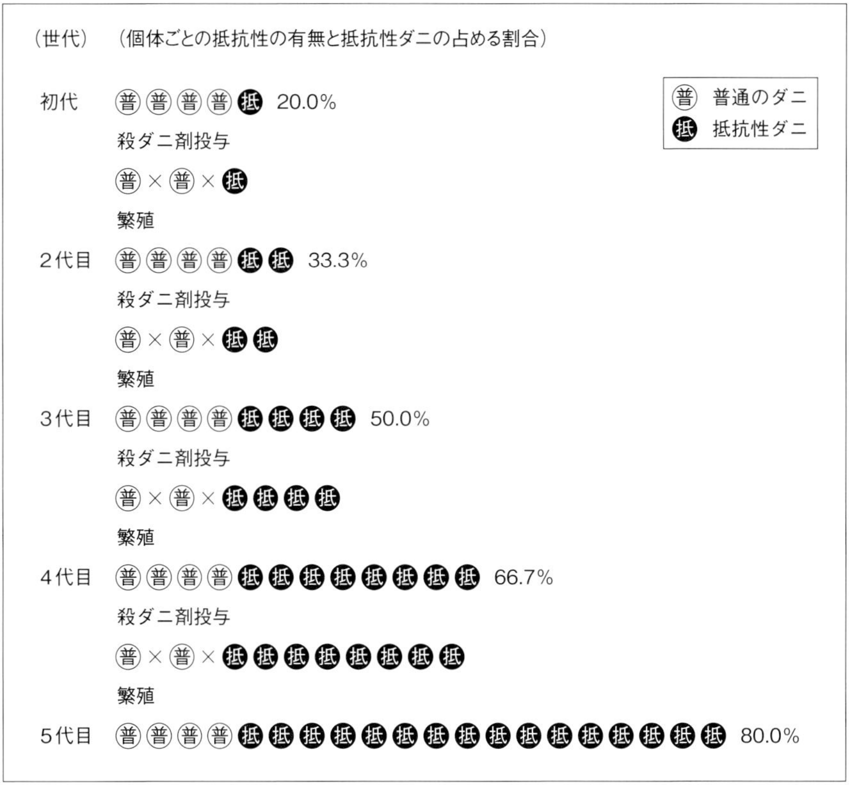

図4−3　薬剤抵抗性発達の仕組み

すべてのダニの繁殖率が同じで，普通のダニが殺ダニ剤から生き残る確率を50%と仮定した場合，抵抗性ダニの比率は，初代が20%しか占めていなくても，3代目には50%にまで上昇する。5代目には80%を占めるまでになってしまう。

（筆者作成）

（13）このような変異は，ヘギイタダニに限らず，タウ・フルバリネートがターゲットにする他の害虫においても頻繁に起きている。

（14）実験が行われたのは2011年と2012年，使われたのは短冊状の懸垂式アミトラズ製剤（Biowar）だった。

（15）1995年の調査では，ヘギイタダニは24.9±1.9分で死んでいたのに対し，1998年では3つの地域から採取されたすべてのヘギイタダニにおいて，57.6±3.5分，45.5±3.8分，37.8±3.8分と死に至る時間が伸びていた（Mathieu and Faucon, 2000）。

（16）1998年10月にアメリカ合衆国のテキサス州とミネソタ州で同じアミトラズ製剤を使用した実験が行われた。それによると，テキサス州におけるヘギイタダニの駆除率は平均85.4%だったが，対してミネソタ州では平均32.3%しかなかった（Elzen *et al.*, 2000a）。

（17）アミトラズ治療後もヘギイタダニの寄生水準が高いコロニーからは，アミトラズに対する半数致死濃度（LC50）が，基準の35倍から39倍ものヘギイタダニが発見された（Maggi *et al.*, 2010）。

これらの生き残り集団に同じ薬剤を連続して使用すると，集団における抵抗性を有するダニの系統の比率が高まる。

その結果，その子孫集団のほぼすべてが抵抗性遺伝子を持つようになる。そのように非常に支配的な状態になると，交配の組合せや変異によっても集団から抵抗性遺伝子が失われることは，ほぼなくなる。このように集団の抵抗性遺伝子の固定が起きると「抵抗性の発達」は完成することになり，集団に対し同じ薬剤は，防除目的を達成するほどには効かなくなる [18]。

ところで，しばしば誤解されることがあるが，タウ・フルバリネートは変異原ではなく，変異を誘発しているわけではない。このような変異はアピスタン多用の結果ではなく，ランダムに起こる自然の変異の結果である。また，ヘギイタダニが「毒に馴れて抵抗性を獲得する」というわけでもない。それは「誘導」であって「抵抗性の発達」とは呼ばない。

e. 薬剤抵抗性をつけさせない努力

一度でもダニが抵抗性を発達させてしまえばその系統に対しその薬剤は永久に効かなくなるのだろうか。

既述のとおり，ダニが抵抗性を有するようになるのは自然に起こる変異の結果である。これは，抵抗性を有していたダニが変異を起こしてその機能を失うという可能性も含んでいる。そのような変異のことを特に「復帰変異」と呼ぶ。一般的には，有利な形質を失うような「退化」は淘汰されるため，それが固定する可能性は非常に低い。それでも，その機能を必要としない環境が続くなら，たとえばヒトが尻尾をほぼ失ったように，ダニもせっかく得た抵抗性を集団として失ったり支配的でなくしたりすることはありうる。

薬剤の使用中止には多様性を回復させる効果がある。抵抗性を有しない個体が繁殖し一定の割合を占めた時に，効かなくなった薬剤を再度利用するなら，その系統の個体は減び，見かけ上薬が効き目を取り戻したかのようになる。

MilaniとVedova（2002）は，ピレスロイド抵抗性ヘギイタダニが発見されたイタリア北部のフリウーリで1997年から2000年にかけて実験を行った。3年間タウ・フルバリネートの使用をやめた結果，それによって死ななかったヘギイタダニの割合は，19〜66％から1.3〜7.8％まで減少するようなった。これは90％以上の駆除率を回復したということなので，ヘギイタダニの集団の薬剤抵抗性は失われたとみなし

うる。この結果は，抵抗性を有したヘギイタダニの子孫がピレスロイド感受性を回復させた（薬が効きやすい状態になった）ことを証明するものではないが，少なくとも薬剤の休止により抵抗性ダニの比率が下がりうることを示唆している[19]。

　アピスタンもアピバールも，日本では使用期間は，6週間までとされている。6週間という期間は，詳細は後述するとおり，ヘギイタダニが2世代増えることができる期間である（88ページ）。2世代までなら抵抗性を有する遺伝子が支配的になることはないというわけではないが，アピスタンもアピバールも効果が高く，投薬後すぐに効き目が現れるので，いたずらに長く使用しても意味はない。むしろ，これまで述べてきたとおり抵抗性を発達させるだけなので，6週間以内に使用を止めなければならない。

　アピスタンとアピバールは，今のところ交差抵抗性[20]の問題はないと報告されていることから（Thompson *et al.*, 2002），交互に使用することが推奨されている。アピスタンに対し抵抗性を有するヘギイタダニをアピバールによって駆除し，アピスタン抵抗性を一旦リセットしようという考えである。

　今のところ，このローテーションによって薬剤抵抗性の発達を抑えつつ，ヘギイタダニ防除がだましだまし行われている。このローテーションに別の防除方法を組み込めば，抵抗性の発達をさらに遅らせることができる。アピスタンとアピバールの2剤だけでは，そのいずれに対しても抵抗性を有するヘギイタダニが現れるかもしれないし，すでにいるのかもしれない。アピスタンやアピバール以外の防除方法の導入は不可欠である。

f. 蜜蝋やハチミツへの残留問題

・蜜蝋への蓄積

　食品衛生法上，ハチミツ中のフルバリネートの残留限度は0.05ppm[21]，アミトラズは0.2ppmである。しかし，現在使用が許されているアピスタンやアピバールがハ

第4章　化学的防除

(18)　同様のメカニズムによる抵抗性の発達は，薬剤に限らずどのようなダニ駆除方法においても起こりうる。
(19)　もっとも，この手の研究はこの1報のみで，しかも薬剤を販売する側に有利な内容であるため，無批判に一般化することは慎みたい。それでも，連用をやめて休薬期間を置くことには意味がある。
(20)　ある薬剤に対し抵抗性を発達させると，使用していなかった他の薬剤に対しても抵抗性を示すようになること。
(21)　「ppm」とは，1/100万という比率を表す単位で，たとえば「1ppm残留」という場合は，（ハチミツ）1kg中に1mg含まれた状態を意味する。

チミツに残留する可能性は非常に低い。なぜなら，アピスタンの有効成分であるタウ・フルバリネートは脂溶性のためハチミツには溶け込まないということになっており，また，アピバールのアミトラズは加水分解するため，万一ハチミツに混入することがあっても10日以内に，遅くとも3，4週間もあれば，いくつかの代謝物にほぼ完全に分解し無害化するはずだからである（Korta *et al.*, 2001; Maver and Poklukar, 2003）。

アピスタンのタウ・フルバリネートの残留が問題視されるのは，ハチミツではなく蜜蝋に溶け込んで残り続けることに対してである。蜜蝋とはミツバチが分泌する蝋のことで，ミツバチの巣の材料になっている。

ミツバチの巣はいく枚もの「巣板」[22] で構成されており，その巣板の表裏には六角柱の小部屋が無数に設けられていて，そこにハチミツや花粉が貯められている。またそれだけでなく，幼虫や蛹を育てる育房としても利用されている。

アピスタンは，承認された動物用医薬品であるものの，主成分であるタウ・フルバリネートが脂溶性であるため巣板に残留しやすく，また性質も安定しているため，使うたびに蓄積されていく。

この蜜蝋への残留は重大な問題である。使用期限である6週間以内に薬を抜いたとしても残り続け，実質的に連用と変わらないことになってしまうからである。タウ・フルバリネートは，その性質上根本的な欠陥を抱えていると言わざるをえない。

もしアピスタンをより安全に使用したいのなら，定期的な巣板の更新が必要になる。しかし，1kgの蜜蝋を作るのに6.25kgものハチミツが必要である（Weiss, 1965）。巣板を新しく作らせるなら，その分ハチミツの収穫量は減少することになる。

このアピスタンの蓄積・残留の程度は環境によってかなりの差がある。欧州医薬品審査庁（現在の欧州医薬品庁）によれば，0.2〜5.5ppmの範囲で様々な濃度のタウ・フルバリネートの蓄積が見られ，特にアピスタンの短冊に隣接した巣板の蜜蝋には，最大で26.9ppmもの蓄積が見られたとのことである[23]。

なお，アミトラズについては，アピバール使用後に調べたところ，蜜蝋からは検出されなかった（Martel, 2007; Maver and Poklukar, 2003）。

• ハチミツや蜜蝋製品などへの混入リスク

蜜蝋中のタウ・フルバリネートの残留問題は，この薬剤抵抗性発達問題だけではない。先に「タウ・フルバリネートは脂溶性のためハチミツには溶け込まない」と述べたが，実際は混入リスクが存在している。

ハチミツを採取する際，以前は蜜刀という刃物で巣の蜜蓋を薄く切り落としていたが，近年では，蜜蓋掻き器（**図4－4**）というフォークのようなもので蜜蓋を引っ掻いて穴を開け，そのまま遠心分離機にかけることが広く行われている⁽²⁴⁾。

図4－4　蜜蓋掻き器

この蜜蓋掻き器で蜜蓋を崩す方法は，蜜刀で蜜蓋を削ぎ落とすよりも簡単で手間も時間も省略でき，無駄になるハチミツも減るメリットがあるが，この方法で採蜜を行うと，蜜蓋や巣板の小さな破片がハチミツに混入しやすくなる。こうして，脂溶性のためハチミツに混入しないはずだったタウ・フルバリネートが，ハチミツに混入するようになった。

ほかにも，蜜蝋は，蝋燭や家具などのワックス，スキンケア用の化粧品の原料としても売られているが，それらの原料は，使用しなくなった巣板を溶かし，ろ過してゴミなどを取り除いて作り出した蜜蝋である。タウ・フルバリネートの分解温度は250℃以上であるから，アピスタンを用いた時に巣箱に入っていた巣板から分離した蜜蝋であれば，タウ・フルバリネートは残ったままである。もし劇薬の混じっていない純粋な蜜蝋を手に入れたいのであれば，無巣礎養蜂（111ページ）を実践し，かつアピスタンを使用していない養蜂家から巣板や蜜蝋を分けてもらう必要がある。

(22)　「巣脾」（すひ，そうひ）とも呼ぶ。
(23)　COMMITTEE FOR VETERINARY MEDICINAL PRODUCTS TAU FLUVALINATE REVISED SUMMARY REPORT https://www.ema.europa.eu/documents/mrl-report/tau-fluvalinate-revised-summary-report-committee-veterinary-medicinal-products_en.pdf (2020-11-3)
(24)　2009年に改正銃刀法（銃砲刀剣類所持等取締法）が施行され，刃渡り5.5cm以上の「剣」すなわち，両刃で突き刺すことができる類いの刃物は，所持自体が違法とされたことが影響している（銃刀法第2条第2項，第3条）。

3. 有機酸

a. 有機酸について

　認可薬への抵抗性ダニの出現やその懸念の高まり，さらには経済的負担の増大，あるいは天然化学物質への盲信，合成化学物質に対する不信のため，一部の養蜂家は代替療法として有機酸をダニ駆除に応用しようとしてきた。

　前述のアピスタンやアピバールがヘギイタダニに作用するメカニズムは明らかになっているが，有機酸がどのようにダニを殺しているのかについては，それほど明確ではない。一般的な説明によれば，有機酸は，揮発性のものは気管から，そうで

コラム1　「動物用医薬品の使用に係る帳簿の記載」の努力義務について

　薬機法83条の4第1項に基づき，「動物用医薬品及び医薬品の使用の規制に関する省令」の第4条は，アピスタン（フルバリネート）やアピバール（アミトラズ），チモバール（チモール），アピテン（ミロサマイシン）をミツバチに使用した者に対し，「動物用医薬品の使用に係る帳簿の記載」の努力義務を課している。記載項目は以下のとおりである。

1. 使用した動物用医薬品の名称／2. 用法と用量／3. 年月日／4. 場所／5. ハチの種類，数，特徴／6. 出荷することができる年月日

　特に書式は定められていないので，上記項目をノートなどに記録しておけばよい。また，努力義務に留まるため，これを怠ったからといって罰を受けるわけでもない。それでも，残留による事故が生じた場合などの対応をスムーズに行うためにも記録は残しておくよう努めなければ

ばならない。

　なお，この記帳義務は，動物用医薬品にあたらないギ酸やシュウ酸には適用されない。そもそもギ酸やシュウ酸を使用したコロニーのハチミツが流通することは法的に想定されていないため，定められていないのである。無論，ギ酸やシュウ酸の使用を任意に記帳しておくことが妨げられるわけではない。

　また，タイラン水溶散については変則的で，承認された動物用医薬品ではあるが，本省令の使用規制は，今のところは定められていない。これについても任意に記帳しておくことは妨げられない（将来規制され，記帳の努力義務が課せられる余地はある）。さらに，省令の使用規制はないとはいえ，ハチミツなどを流通させる場合は，残留基準値を超えないように，採蜜前には排蜜などの手順を踏む必要がある。

ないものは接触する脚から経皮的に，血リンパを通して細胞に浸透し，気管などの組織に損傷を与えたり，代謝酵素を破壊して代謝経路を阻害しエネルギー不足に陥らせたり，あるいは，酸化ストレスによってミトコンドリアの機能不全を引き起こし，アポトーシス誘導や炎症性老化を起こしたりしてダニを殺す，とされている（Sajid *et al.*, 2020）。

また，代謝は生命活動に不可欠なため，クチクラ層が肥厚化するなどの変化が起きるまでは，有機酸に対する抵抗性の発達は難しいと考えられている。

b. 関連する法令

• 薬機法による規制

前述したように，動物用医薬品の対象動物に対し，専ら動物のために使用されることが目的とされる医薬品を用いる場合，その医薬品は，農林水産大臣が承認したものでなければならない。もし，ギ酸やシュウ酸が薬機法上の「動物用医薬品」に該当するなら，それらは未承認の動物用医薬品にあたり，そのミツバチへの使用は違法になる（薬機法第83条の3）。ギ酸やシュウ酸は動物用医薬品にあたるのだろうか。

まず，そもそもギ酸やシュウ酸は，専ら医薬品として使用される実態のあるものではない。それでも，還元性を有し，毒性は高く，その成分が医薬品的成分にあたる余地はある。農林水産省は局長通知の中で，医薬品的成分にあたるかどうかの判断基準[25]として，「毒性の強いアルカロイド，毒性たん白その他毒劇薬指定成分に相当する成分を含む成分」[26]，「その他動物の保健衛生上の危害の発生又は拡大の防止の観点から動物用医薬品等として規制する必要性がある成分」などを挙げている。ギ酸やシュウ酸がこれらに該当するのかについての判断は，筆者に権限はないため，農林水産省の薬事監視指導班に問い合わせたところ，本書執筆時点においては，「ギ酸やシュウ酸は直ちに医薬品に該当するとは判断しない」との回答を得た。したがって，化学的純品あるいは原体のギ酸やシュウ酸は医薬品にはあたらず，それらの雑品をミツバチに用いたとしても，直ちに薬機法に抵触するわけではない。

ただし，ギ酸やシュウ酸を動物用医薬品の対象動物に使用することは，「薬機法上

---

(25)「動物用医薬品等の範囲に関する基準について」（26消安第4121号）。
(26) この毒劇薬指定成分は，農林水産大臣が薬事食品衛生審議会の意見を聞いて指定することになっている。

望ましくない行為であり，残留が発生するなど悪質な使用をしていた場合は，薬機法違反と判断される可能性がある」との回答も受けている[27]。また，効能効果を標榜しているギ酸やシュウ酸，あるいは製剤化されたり医薬品的な用法用量が表示されたりしたギ酸やシュウ酸は，薬機法上の医薬品にあたる。それらは，動物用医薬品としては未承認のため，特例[28]にあたらない限り，使用は許されない[29]。さらに，ダニ防除の場面で特例にあたるなど薬機法に抵触しない場合でも，ハチミツなどの流通の場面で食品衛生法の残留農薬等の規制に抵触することがある。これについては後述する。

• **毒劇法による規制**

アピスタンとアピバールは「劇薬」である。一方で，ギ酸（濃度90％超）やシュウ酸は，毒劇法の「劇物」に指定されている。毒劇法は，主に製造輸入販売業者や研究者を対象にしているが，その一部は業務上取り扱う者にも準用されるため，趣味の養蜂家も含めて，「反復継続してミツバチを飼育する意思がある」養蜂家が劇物を入手した場合，以下のような義務を負うことになる（毒劇法第22条第5項）。

・劇物は，盗難紛失に遭わないような措置を講じる（11条1項）。容易に持ち出すことのできない金庫や保管庫に入れて鍵をかけて保管する。この金庫（保管庫）には，「医薬用外劇物」と表示する（12条3項）。
・劇物が漏れたりしないような措置を講じる（11条2項）。万一瓶が割れるようなことがあっても漏れたりしないように耐酸性のケースに入れたり，二重に梱包したり，金庫が地震などで倒れたりしないようにする。運搬する場合も同様である（11条3項）。
・保管容器には，白地に赤字で「医薬用外劇物」と表示する（12条1項）。容器を移し替える場合には，飲食物の容器として通常使用される物を使用してはならない（11条4項）。
・漏出等の事故が起こり不特定多数の人に危害が及びそうなときは，直ちにその旨を保健所や警察署，消防機関に届け出，かつ必要な応急措置を講じる（17条1項）。盗難や紛失があった場合は警察署に届け出る（17条2項）。都道府県や保健所設置市の職員の立入検査にも応じる（18条1項）。
・販売業の登録を受けていない者が劇物の販売・授与を行ってはならない[30]（3条3項）。

c. ギ酸

ギ酸（蟻酸, formic acid）はアリが作り出す酸として知られているが，産業的には家畜用飼料の腐敗防止などに用いられている。このように，ギ酸自体は天然に存在する酸であり，ハチミツの中にも微量に存在している。そのため，それを言い訳にして使用している養蜂家も存在する。

すでに述べたとおり，雑品のギ酸をミツバチに使用すること自体は，それがダニ駆除など医薬品的な効果効能を標榜したり，製剤化されたものなどを使ったりしない限り，直ちに薬機法に違反するわけではない。それでも，そのような使用は「薬機法上望ましくない行為」であり，残留するなど悪質なケースは薬機法違反と判断されることもありうる。また，ギ酸は，濃度90％を超えるものが，毒劇法における劇物に指定されていることからもわかるように [31]，危険性が高く扱いが難しい。その上，ハチへの副作用も大きく，アピスタンやアピバール以上に多くの問題をかかえている。よって，その効果や特徴についてあらかじめ理解しておくことは重要である（表4-2）。

• 使い方

ギ酸の基本的な使用法は，春か秋に [32]，濃度60％前後のギ酸20mℓを巣箱内に置いて1週間ほどかけて蒸発（気化）させるというものである（図4-5）。ほかにも，スプレーでの噴霧を数日おきに数回行う，濃度70％のギ酸を含有するジェルを巣箱

---

(27) このような規制は，ギ酸やシュウ酸に限ったものではなく，原則として無害と思われるような物質であっても及ぶ。
(28) （1）試験研究の場合，（2）獣医師が診療する対象動物の疾病の診断，治療または予防の場合，（3）診療した獣医師が処方した医薬品をその指示に従って使用する場合，（4）家畜防疫員が家畜伝染病予防法に基づき使用する場合（薬機法第83条の3ただし書：医薬品，医療機器等の品質，有効性及び安全性の確保等に関する法律に基づく医薬品及び再生医療等製品の使用の禁止に関する規定の適用を受けない場合を定める省令）。なお，獣医師は，自ら診察しないで劇毒薬，生物学的製剤その他農林水産省令で定める医薬品を投与もしくは処方をしてはならない（獣医師法第18条）。獣医師資格が求められるのは，このような認可外医薬品の処方までで，それ以外の方法でミツバチの診断・治療を行うことは，業として行う場合であっても，制限されない（獣医師法第17条，獣医師法施行令第2条）。
(29) 販売も許されない。また，外国で販売されているヒト用の医薬品を自己使用のために個人輸入することは一般に可能であるが，国内で承認されていない外国のミツバチ用の医薬品を輸入することは，獣医師（飼育動物診療施設の開設者を含む）を除き，自己使用目的であってもできない。
(30) 獣医師であっても，販売業の登録がなければ，治療の一環として処方はできるものの，販売などはできない。
(31) 毒劇法第2条第2項，別表第2第94号，および毒物及び劇物指定令第2条第22の2号。
(32) より具体的には，気温が18～25℃，かつ30℃を上回らず12℃を下回らない時期が適している。

表4-2　ギ酸とシュウ酸の使用方法・残留・法令関係

		ギ酸	シュウ酸
使用方法	量・濃度	濃度60%のものを1箱あたり20mℓ	濃度3%のものを巣枠間ごとに5mℓ
	手順等	キッチンペーパーを入れた皿に注ぐ	巣枠の間にいるハチに垂らす（滴下）か，スプレーで吹きかける（噴霧）。糖度50%の砂糖水にシュウ酸を溶かして吹きかけると駆除率が上がる
	時期	気温が18～25℃の時期（30℃を上回らず12℃を下回らない）	蓋掛けされた蜂児の少ない時期
	効果	90%以上の駆除率	90%以上の駆除率
	注意	真夏は厳禁，直射日光は避ける	1シーズンに1度か2度まで
	危険性	失明，火傷，一酸化炭素中毒	皮膚のただれ，生殖機能や胎児への悪影響
	副作用	大量死，女王バチ喪失・短命化，産卵停止	短命化
ハチミツへの残留	天然の濃度	約15～300ppm	約10～120ppm
	治療後の濃度	5,000ppmに達する場合もある	約10ppm前後の増加
	元の濃度に戻るのに必要な時間	8か月前後	―
	味覚閾値	150～600ppm	300～400ppm
法令関係	薬機法に抵触する使用例	・国内で承認登録されていない外国の製剤の使用 ・ダニ駆除などの効能効果をうたったものの使用 ・製剤化されたり医薬品的な用法用量を表示されたりしたものの使用	・国内で承認登録されていない外国の製剤の使用 ・ダニ駆除などの効能効果をうたったものの使用 ・製剤化されたり医薬品的な用法用量を表示されたりしたものの使用
	薬機法に直ちに違反しているとはいえないが，望ましくない使用例（残留が発生するなど悪質なケースは薬機法違反と判断される可能性もある）	・効能効果をうたっておらず，製剤化されたり医薬品的な用法用量の表示がされたりしていない，一般に市販されている化学的純品または雑品のギ酸の使用	・効能効果をうたっておらず，製剤化されたり医薬品的な用法用量の表示がされたりしていない，一般に市販されている化学的純品または雑品のシュウ酸の使用
	薬機法に抵触しない使用例	・獣医師の治療に伴う処方としてのギ酸の使用 ・その他の特例にあたる使用	・獣医師の治療に伴う処方としてのシュウ酸の使用 ・その他の特例にあたる使用
	ポジティブリスト制度の残留基準値	0.01ppm（一律基準）	0.01ppm（一律基準）

（筆者作成）

内に置き燻蒸する，濃度80％のギ酸を紙の短冊に染み込ませ，それを巣箱内に垂れ懸けさせる，などの方法がある（Satta *et al.*, 2005）。

ヘギイタダニの駆除率は高く，多くの研究は90％以上であると報告しており，ギ酸を有効なヘギイタダニ防除方法だと結論付けている（Calderone, 2000；Lupo and Gerling, 1990；Mutinelli *et al.*, 1994）[33]。また，アカリンダニに対しても同程度の駆除率が報告されている[34]。

図4−5　ギ酸の使用例
受け皿にキッチンペーパーを置き，濃度60％のギ酸を20mℓ染み込ませる。治療は，気温が18〜25℃の時期（30℃を上回らず12℃を下回らない）に行うべきであるが，巣箱に直射日光が当たると温度が外気温よりも10℃以上高くなることもあるので，日除けなどを用いて巣内温度が上がりすぎないように細心の注意を払う。

しかし，ダニの駆除効果が高い一方で，同時に多くのハチも死んでいることに注意が必要である。ギ酸の副作用のため，21日間ひとつのコロニーで1日あたり35.3匹の成蜂が死んだという報告もある（Greatti *et al.*, 1992a）。この死亡率は，アピスタンを使った場合の2.7匹と比べると非常に高い（Frilli *et al.*, 1991）。ギ酸は選択毒ではないために，ダニに効果を発揮するだけでなくミツバチも巻き添えにしてしまう。最悪の場合，女王バチもまとめて全滅させてしまうことすらある。そうならなくても，女王バチの産卵は停止し，蜂児が死んだり傷ついたりすることもある（Gregorc *et al.*, 2004）。また，女王バチの寿命を縮める原因のひとつにもなっている[35]。

ギ酸の蒸発率は，ギ酸溶液の濃度，空気中の濃度，気温，気圧，通気流量などの様々な条件に左右される[36]。あらかじめ設定できるのはギ酸溶液の濃度と量のみで，その他の条件は天候やハチの活動，巣箱の気密性などによって大きく変動す

---

(33) もっとも，有蓋蜂児の多い時期は効果が下がる。春季に，Greattiら（1992a）が行った実験では，駆除率は47.08％，GirişginとAydın（2010）の実験では，21.4％だった。
(34) HoodとMcCreadie（2001）では91％，Skinnerら（2001）では100％の駆除率だったと報告されている。
(35) ギ酸によってハチに多くの犠牲が出てしまうのは，その毒性の高さに加えて，ギ酸が常温で気化しやすい特性も影響している。多量のギ酸が短期間に揮発するとその濃度は高まり，ダニだけでなくハチにまで危害が及ぶ。
(36) 気温などによって蒸発量が変わるため，治療を開始する時は少しの量から始め，ハチが大量に死なないことを確認しながら量を増やしていく。もしハチの死骸が大量に出るようなら使用を中止する。

る。そのため巣箱内のギ酸濃度が一定に保たれることはない。

　特に重要な要因は気温である。冬のように低ければギ酸はほとんど蒸発せず効果がなく、夏のように高ければ予定以上に多くのギ酸が短時間に揮発し、ハチたちは毒ガスで死ぬことになる。巣箱の色が濃い場合や、昼間に直射日光が当たる場合は、大量死のリスクが高くなる。真夏にギ酸を用いることは論外である。ギ酸は50℃を超えると激しく蒸発するため、35℃を超える猛暑日のような過酷な条件でギ酸を使えば大量死を引き起こしかねない。

　このように、ヘギイタダニの増加がピークを迎える肝心な時期（つまり夏）にギ酸を用いることはできない。気候が和らいだ秋に使用するとしても、すでに述べたとおり蒸発量が一定しないため「ダニは殺すがハチは殺さない」というギリギリの調整は難しい。ハチをなるべく殺さないようにするなら、ダニの駆除率は下がってしまう[37]。

　もっとも、ギ酸が気化しやすいことにメリットがないわけではない。気体であるため、蝋で蓋掛けされた蜂児巣房にも浸透し、蜂児に寄生したヘギイタダニも、ある程度駆除することができる（VanEngelsdorp *et al*., 2008）[38]。これは、接触方式のアピスタンやアピバールにはない利点である。また、気管に寄生するアカリンダニに対しても効果が及ぶ利点もある（注34）。

・人体への危険性

　ギ酸は腐食性が非常に高く、誤って肌にかかると火傷してしまう。うっかり吸い込めば肺を痛めたり、一酸化炭素中毒に陥って死に至ることもある。また、目に入ろうものなら視神経が破壊され失明することさえある。そのためギ酸の使用時には、防護服、防毒マスク、耐酸性の手袋やゴーグルなどを着けて厳重に身を守り、風上に立って作業を行うようにしなければならない。

　養蜂場で起こりやすい事故としては、皮膚への接触が想定される。その場合は、直ちに大量の水で洗い流す必要がある。このほか、ギ酸は引火点が約50℃（濃度98％以上のもの）と非常に低い。セイヨウミツバチの養蜂家は、ハチを鎮めるためにしばしば燻煙器を用いているため、火災にも十分な注意が必要である。

　このほか、ギ酸は金属を腐食させるため、金網や釘の錆びの原因となる。デジタル温湿度計などの電子機器を入れたままギ酸を使うと、狂ったり故障したりすることがある。

• ハチミツへの残留

ギ酸には，気化してハチミツに吸収され，長期間残留してしまう問題もある。

そもそもギ酸は，天然のハチミツにも微量ではあるが含まれている。この事実を盾にとり，ハチミツなどへの残留問題に対処せず，あるいは理解せずにギ酸を防除に使っている養蜂家が，残念ながら見受けられる。しかし，天然のハチミツに含まれる微量のギ酸と比べて，人為的に混入を許したギ酸の量は無視できないほど多い。以下，いくつかの研究を見ておこう。

まず，天然のハチミツにどれだけのギ酸が含まれているのだろうか。Capolongoら（1996）によると，天然の明るい色のハチミツ（ニセアカシアのハチミツ）のギ酸濃度は10〜15ppmだったが，濃い色のハチミツ（甘露ハチミツ）のほうは，150〜270ppmだった。また，Stoyaら（1986）によれば，花から取れたハチミツのギ酸の濃度は平均で27ppm，一方で甘露ハチミツは，600ppmだった。このように，天然のハチミツにおけるギ酸濃度はまちまちで，一意に定まるものではない[39]。

次に，ギ酸で治療するとどのくらいハチミツに残留してしまうのだろうか。Sattaら（2005）が，2002年9月から10月にかけてイタリアのサルデーニャで行った実験によると，濃度68％のギ酸ジェル200gを2週間使用した結果（1日の蒸発量は5gから9g），ハチミツの残留ギ酸濃度は3,855±2,061ppmとなり，85％の濃度のギ酸溶液100mℓを染み込ませた紙の短冊を3日間使用した結果（1日の蒸発量は26gから35g），ハチミツの残留ギ酸濃度は3,030±1,624ppmとなった[40]。治療に伴うギ酸の残留は，治療方法の違い，ギ酸の濃度，分量，治療期間，時季，気温の変化，巣箱の体積など多くの要因が影響して濃度はかなり変動する[41]。それでも，ギ酸を用いると，天然ではありえないほどの濃度になることは明らかである。

（37）同様の欠点は，毒ガスをダニ駆除目的でミツバチに使用する場合には避けられない問題で，後述するチモバール（チモール）においても同じである（74ページ）。

（38）この特性のために，蜂児まで殺したりダメージを与えたりしてしまうこともあるが，蜂児が出房するのを待つ必要が少なく治療期間を短縮することが可能になる。

（39）濃度が変動する主な要因としては，ハチの品種や採餌先の花蜜の種類，時季，地域環境などがある。

（40）ほかにも，Bogdanovら（2002）が1996年から1998年にかけてスイスで行った実験によれば，天然のハチミツのギ酸濃度は17〜284ppmであったが，8月と9月に濃度70％のギ酸130mℓを7日間燻蒸させた結果，残留濃度は平均46ppm，最大で139ppm増加し，また，春に緊急的に治療を行った場合には，平均193ppm，最大で417ppm増加したとのことである。

（41）その他，たまたま治療時期にハチがたくさん花蜜を集める，ギ酸を吸収したハチミツをハチが食べてしまう，などの不確定な要因も影響すると考えられる。

では，一度残留したギ酸はいつまで残り続けるのだろうか。時間の経過とともに，ギ酸は徐々にハチミツから抜けていくことは確かである[42]。しかし，治療前の水準まで下がるのに，5か月から8，9か月かかったと報告されている[43]。ハチミツの保存状態にもよるだろうが，一度残留したギ酸は，かなり長期にわたって残留することがわかる。

　なお，ギ酸は，残留農薬等のポジティブリスト制度において個別基準は設けられていないため，0.01ppmという一律基準が適用される。したがって，ダニ駆除剤として使用したギ酸がこの基準を超えて残留している場合，獣医師の処方による結果であっても，販売等は禁止される。

・酸っぱいハチミツ

　ギ酸がハチミツに残留した場合，どのくらいの濃度で味に現れるのだろうか。Bogdanovら（1999）は，ギ酸を混ぜたハチミツを専門家にテイスティングさせ官能テストを行い，味覚閾値を測定した。それによると，ヨーロッパアカシア（ニセアカシア）のハチミツの場合，150～300ppmの残留で味は聞き分けられたとのことである。一方，甘露ハチミツの場合は，300～600ppmであった。前項で例示した数値と比較すれば察しがつくとおり，ギ酸治療を行ったコロニーのハチミツは，食べればわかるのである。

・薬剤抵抗性の発達は未確認

　ギ酸には，上記のような問題がある一方で，利点も存在する。それは，今のところヘギイタダニがギ酸に対し抵抗性を発達させていないように観察されることである。

　これまで数十年にわたって，ある国では合法的に，または違法に，あるいは研究機関や獣医師らが実験や治療としてミツバチに対しギ酸を使用してきたが，現在までヘギイタダニがギ酸に対し抵抗性を発達させたとする報告は，筆者が調べた限りでは，見当たらない。アピスタンではわずか数年で抵抗性ダニが出現したのと比べると，数十年間抵抗性の発達が見られない実績は貴重である。それでも，繰り返し使い続けるなら，いずれ抵抗性を有した「スーパーヘギイタダニ」が現れる可能性はある。

　なお，アカリンダニに関しては研究自体されていないか不十分なため，ギ酸に対する抵抗性発達の可能性は不明である。

d. シュウ酸

シュウ酸（蓚酸，oxalic acid）は植物由来の酸で，日常的な例を挙げるなら，ホウレンソウやタケノコに含まれているアクの成分である。カルシウムと結合すると，尿路結石症の原因になることでも知られている。産業的には，繊維の染色や金属の洗浄などに利用されたりしている。ギ酸と同様，天然に存在する酸であり，ハチミツの中にも微量に存在しているため，治療で試す養蜂家もいる。

すでに述べたとおり，雑品としてのシュウ酸をミツバチに用いることは，効能効果など医薬品的な標榜がされたり製剤化されたものなどを使用したりしない限り，直ちに薬機法に違反するわけではない。それでも，そのような使用は「薬機法上望ましくない行為」であり，残留するなど悪質なケースでは薬機法に抵触するおそれがある。また，シュウ酸もギ酸（濃度90％超）と同様，劇物に指定されている物質であり，危険で扱いが難しい[44]。その上ハチへの副作用もあることから，その効果や危険性などについてあらかじめ知っておくことが大切である（表4−2）。

• 使い方

シュウ酸を用いたヘギイタダニ治療は，約3％の濃度の溶液，あるいはそれと糖度約50％の砂糖液との混合液を，巣枠の間にいるハチに上から垂らす（滴下）か，スプレーで吹きかけて（噴霧）行う（図4−6）。

シュウ酸は，ギ酸のように常温で気化するということはない。加熱して燻蒸すると，分解してギ酸と一酸化炭素を発生させるため非常に危険であるし，その場合，ギ酸がハチミツに残留することになる。実施

図4−6　シュウ酸や乳酸の散布例
シュウ酸は砂糖液との混合液を，乳酸は15％程度に薄めた液を，スプレーで巣板上のハチに直接噴き付ける。

---

(42)　上述のSattaら（2005）によれば，ギ酸治療から21日後には，ジェル方式のものは3,855±2,061ppmから1,261±1,054ppmまで，短冊方式のものは3,030±1,624ppmから794±518ppmまで減少した。

(43)　ギ酸治療の行われていない天然のハチミツと同水準の濃度まで下がるのに，5か月ないし8か月かかるという報告（Stoya *et al.*, 1986）や，8か月ないし9か月かかるという報告（Hansen and Guldborg, 1988）がある。

(44)　毒劇法第2条第2項，別表第2第49号。

時期は，蓋掛けされた蜂児の少ない晩秋ないし冬が望ましい（Gregorc and Planinc, 2002）。

シュウ酸によるヘギイタダニの駆除率はギ酸と同じ程度で，90％以上とする報告が多い[45]。特に，糖度50％の砂糖水を混ぜて吹きかけると，駆除率が上がる。糖液の粘性によってより長い時間ハチにシュウ酸が留まるからである（Maggi *et al.*, 2015）。ただし，春や夏の蜂児が多い時期にシュウ酸治療を行っても効果は上がらない。前述の90％以上の駆除率は，有蓋蜂児が少ない時期に行った場合である。

シュウ酸の効果は，実施したその時だけに限られる。アピスタンやアピバールのように，一度設置すれば済むというわけではない。ギ酸のように，徐々に空気中に揮発させ効果を持続させることもできない。

また，治療を実施できる機会も実質的に限られる。シュウ酸は，蓋掛けされた巣房内部までは効果が及ばない[46]。そのため，蛹の羽化と同時に巣房から出たヘギイタダニが，再び巣房に潜り込むまでに駆除しなければならない。蜂児が多い時期にシュウ酸治療を効果的に行うには，数日おいて2週間治療を行う必要があるが，シュウ酸の使用は，成蜂の死亡率を高めることにもなり[47]，また連続使用は蜂児の成長や女王バチの寿命に対しても悪影響を及ぼす（Gregorc *et al.*, 2004）。結局，シュウ酸による治療ができるのは，蜂児の少ない時期に，1回ないし2回程度に限られる（Abou-Shaara *et al.*, 2016）。

シュウ酸は接触毒で，ヘギイタダニに対しては即効性があり，ミツバチに対しては遅効性である（Aliano *et al.*, 2006）。そのおかげで，成蜂への影響はギ酸と比べるなら少なく，女王バチや働きバチを無駄に殺してしまうことや，逃去[48]，その他の行動の異変は起こりにくい（Abou-Shaara *et al.*, 2016; Mutinelli *et al.*, 1997）。また，気化しないため，使用時の外気温によって効果が左右されることもない。

• 人体への危険性

シュウ酸の危険性はギ酸と概ね同じである。皮膚に接触すればただれ，目や肺に入った時も有害である。生殖機能や胎児に悪影響を及ぼすおそれもある。毒性に関しては，LD50（半数致死量）[49]を基準に考えるなら，内服の場合シュウ酸は375mg/kgで，ギ酸の700mg/kgよりも低く，毒性が高い。

常温では気化しないため防毒マスクは必要ないが，スプレーから噴射した液体が目に入ることがあるので必ずゴーグルを着用する。また，皮膚につくおそれもあることから，防護服や耐酸性手袋も必要である。

• ハチミツへの残留は少ない

Bogdanovら（2002）の調査によれば，シュウ酸治療を行っていないコロニーの天然のハチミツは8〜119ppmのシュウ酸が含まれているが，2年連続で秋にシュウ酸治療を実施しても，そのコロニーのハチミツのシュウ酸の濃度に変化はなかったとしている。また，スプレーを使ってシュウ酸治療を行った実験においても，蓄えられた砂糖にシュウ酸がどの程度含まれていたのかが調べられたが，その結果は，シュウ酸治療を行ったコロニーでは94±7ppm，無治療群では80±4ppmだった（Cornelissen *et al.*, 2012）。別の実験においても，シュウ酸治療を行ったコロニーのハチミツのシュウ酸濃度は5〜68ppmだったが，無治療のコロニーのハチミツも5〜65ppmで，差はほとんどなかった（Moosbeckhofer *et al.*, 2003）[50]。

以上のとおり，シュウ酸もハチミツに若干残留するが，ギ酸ほど大量ではない。また，味覚閾値も，ニセアカシアのハチミツの場合は300〜400ppm，甘露ハチミツの場合は700〜900ppm（Bogdanov *et al.*, 1999）で，ギ酸のように酸っぱく感じられることもない。このような特性から，海外ではギ酸よりもシュウ酸のほうがよく用いられているようである。

現実的に言って，シュウ酸にハチミツへの残留問題はほとんどないと言いうるが，法的な観点からはまた別の話である。ポジティブリスト制度では，「農薬等の成分である物質が自然由来でかつ自然に残留する量の程度で残留している場合には一律基準は適用されない」としている[51]。もっともこれは個別判断の対象であるため，厚生労働省の残留農薬等基準審査室に問い合わせたところ，シュウ酸の残留基準値は一律基準の0.01ppmであるとの回答を得た。したがって，仮に工業的に生産されたものでないとしても，シュウ酸を治療に使ったコロニーのハチミツを販売等することはできない。

---

(45) GregorcとPlaninc（2002）は97%，Mutinelliら（1997）は95%としている。
(46) 蛹が羽化して巣房から出てくるまでの期間は，働きバチなら12日間，雄バチなら14日間。
(47) シュウ酸の使用によって，通常の約2.36倍になるという報告もある（Higes *et al.*, 2005）。
(48) 蜂群が巣を放棄して逃げ出すこと。
(49) この数値が低いほど毒性は高い。
(50) ハチミツにシュウ酸が溶け込むことができる濃度はハチミツの電気伝導性によって決まる。治療によってシュウ酸の濃度が少ししか増加しないのは，ハチミツ中のシュウ酸はすでに飽和状態にあるため，新たに溶け込む余地がほとんどないためである。
(51) 一般規則の8（食安発第1129001号）。

表4-3 乳酸の使用方法・残留・法令関係

使用方法	量・濃度	濃度15%のものを巣板1枚あたり8mℓ
	手順	スプレーで吹きかける（噴霧）
	時期	蓋掛けされた蜂児の少ない時期
	効果	90%以上の駆除率
	危険性	皮膚腐食性
	副作用	―
ハチミツへの残留	天然の濃度	約200ppm
	治療後の濃度	約1,500ppm
	味覚閾値	800〜1,600ppm
法令関係	動物用医薬品の指定	なし
	ポジティブリスト制度	対象外物質

（筆者作成）

• 薬剤抵抗性の発達は未確認

　ギ酸と同様，シュウ酸も長期間ミツバチに使われてきたが，ヘギイタダニが抵抗性を発達させたという報告は見られない。元来シュウ酸は，植物が自己防衛のために作り上げてきた毒であり，それによって長い年月多くの動物から食害を免れてきた。今後もしばらくはダニに対して効果を持続させるものと期待できる。

　しかし，連用によって抵抗性を発達させる可能性は残る。

e. 乳酸

　乳酸（lactic acid）は，乳酸菌が糖などを無酸素状態で分解（嫌気性代謝）する時に生じる酸で，ヨーグルトの酸っぱさの成分のひとつである。古くから食品の腐敗を防ぐために用いられており，食品添加物としてその安全性や静菌作用は確立している。また，ヒトの腸内でも大量に作られており安全性は高い。特に乳酸は残留農薬等のポジティブリスト制度において，「人の健康等を損なうおそれのないことが明らかであるもの」として，「対象外物質」に指定されている。ギ酸やシュウ酸とは異なり，食べても安全で，蜜蝋に蓄積することもない（**表4-3**）。

• 使い方

　一般に乳酸は，15%の濃度のものを巣板1枚あたり8mℓをスプレーでハチと巣板

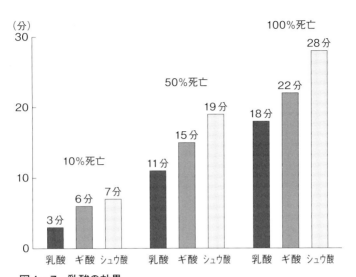

図4-7 乳酸の効果
乳酸は，ギ酸，シュウ酸と比べて，ヘギイタダニを殺すのに要する時間が短い。
（出典）Balint *et al.* (2010) より引用（一部省略）

に吹きかけて（噴霧）使用する（**図4-6**）。防除効果は90％台とする報告が多い。特に，蜂児が少ない秋季ないし冬季には効果が高く，実験では94.2％から99.8％のヘギイタダニを殺すことができたとするものもある（Kraus and Berg, 1994）。

　しかし，乳酸は不揮発性で常温では蒸発しがたいことからギ酸のように蓋掛けされた蜂児巣房の中にまでは届かない。そのため，春季など蜂児が多い時期に実施しても効果は低い。春季におけるイタリアでの実験では41.44％の駆除率に留まり（Greatti *et al.*, 1992a），また，トルコでの実験では8.3％の駆除率だった（Girişgin and Aydın, 2010）。

　乳酸が高い効果を発揮するのは，直接接触させた場合である。Balintら（2010）は，濃度60％のギ酸と4.2％のシュウ酸，15％の乳酸をそれぞれ1mℓ染み込ませたろ紙をペトリ皿に敷き，成ダニになった10匹の雌のヘギイタダニを入れて，死ぬのにかかる時間を計測したところ，乳酸が最も高い効果を発揮した（**図4-7**）。

　ただし，この研究は実験室のペトリ皿の上でのテスト結果であって，養蜂の現場での結果ではないことに注意が必要である。通常，ヘギイタダニはハチの体の腹側や側面におり，スプレーでは乳酸がダニに直接かからないことが多く，実験と同じ効果が得られるとは限らない。

なお，乳酸には皮膚腐食性があるため，使用にあたっては目や肌に直接触れないよう，ゴーグルや手袋を着用するのが望ましい。

• ハチミツへの残留は問題にならない

Stoyaら（1987）によると，天然のハチミツの乳酸濃度は200ppmである。秋に乳酸で治療を実施したコロニーのハチミツの乳酸濃度は1,500ppmまで上昇したが，4週間後には500ppmまで下降した。

また，乳酸の味覚閾値は800〜1,600ppmであることから，残留による味の変化も問題にならない（Bogdanov et al., 1999）。

法的にも乳酸は，ポジティブリスト制度の「対象外物質」であることから，残留していたとしても販売等することができる。

• ミツバチへの影響も少ない

Greattiら（1992a）によれば，21日間の1コロニーあたりの成蜂の死亡数は，治療していないコロニーと比べて1.1匹の増加に留まった。乳酸は化学的防除の中では最もハチへの副作用が低くかつ防除効果も高く，最も望ましい化学物質と言いうる。

とはいえ，乳酸に限ったことではないが，濃度や量を間違うなどの不適切な治療を行えば，成蜂や蜂児の大量死を引き起こすことがある。

• 薬剤抵抗性の発達は未確認

これまでに乳酸に対する抵抗性の発達は報告されていない。

f. 酢酸とクエン酸

静菌作用の高い身近な有機酸に，酢酸とクエン酸がある。クエン酸は残留農薬等のポジティブリスト制度において，「人の健康等を損なうおそれのないことが明らかであるもの」として，「対象外物質」に指定されており，また，酢酸を含む食酢も，農薬取締法（第2条第1項）で，「農作物等，人畜及び水産動植物に害を及ぼすおそれがないことが明らかなもの」として「特定農薬（特定防除資材）」に指定されている。

しかし，結論から述べると，いずれもヘギイタダニ駆除の場面でそれらに十分な効果は見られない。

• 酢酸

酢酸（acetic acid）とは，酢に含まれる酸っぱい成分である。その効果については，濃度30％の酢酸を滴下して（垂らして）治療した場合，ヘギイタダニの駆除率は，8.1±2.1％だったという報告がある（Higes et al., 2005）。駆除率を見る限り，

ほとんど効果は見られない。また，ヘギイタダニに寄生された蜂群を濃度50％の酢酸50mℓで17時間燻蒸した結果は，水で燻蒸したのと変わらないものだったという報告もある（VanEngelsdorp *et al.*, 2008）。

防除に効果がないどころか，酢酸を使った結果，無治療の対照群と比べてハチの死亡率は，約4.4倍にもなった（Higes *et al.*, 2005）。要するに，ヘギイタダニはほとんど死なずハチは大量に死んだという散々な結果だったのである。

・クエン酸

クエン酸（citric acid）とは，主にレモンなどに含まれる酸っぱい成分である。

前述のHigesら（2005）によれば，濃度30％のクエン酸を滴下した場合の駆除率は2.6±1.3％で，極めて低かった。何の治療も行っていない対照群よりも駆除率が低く，さらにまずいことに，対照群よりも約2.2倍ものハチが死んでしまった。

なお，クエン酸を多く含むことで知られるレモン果汁を用いた実験においては，高い駆除率が達成された（Abdel-Rahman and Rateb, 2011）。詳しくは後述するが，これはクエン酸そのものよりも，レモンに含まれる精油成分が作用したためと考えられる（82ページ）。

4．精油

a．精油とは

精油（essential oil）とは，植物の花や葉，新芽，茎，根などから抽出された揮発性の油のことである。アロマオイルとしても使われ，芳香性が高いものが多い。植物は害虫が忌避するこれらの成分を生合成しそれを発散することによっても身を守っている。

精油は，気体によってダニを駆除する方式のため，扱い方の点でギ酸と似ている。すなわち，気温に左右される点や，高温下ではダニだけでなくハチをも殺してしまう点，蓋掛けされた蜂児巣房にもある程度浸透する点，さらには，気管に寄生するアカリンダニに対しても効果がある点などが類似している。特にアカリンダニに対する有効性は，ニホンミツバチを飼育する上で重要なポイントになる。

精油は，どのようなメカニズムでダニの忌避剤・駆除剤として効果を発揮するのだろうか。Liら（2017）は，代表的な精油であるクローブオイル[52]を染み込ませたティッシュペーパーにヘギイタダニを30分間接触させ，解毒酵素であるCa^{2+}-Mg^{2+}-ATP

アーゼとグルタチオン-S-トランスフェラーゼ，酸素フリーラジカルを除去する抗酸化酵素であるスーパーオキシドディスムターゼ，水溶性タンパク質の量の変化を調べた。

　その結果の詳細は省略するが，クローブオイルは酸化代謝を引き起こし，超酸化物（スーパーオキシド）（O_2^-），過酸化水素（H_2O_2），ヒドロキシルラジカル（・OH）を含む活性酸素を増加させ，ヘギイタダニのアミノ酸やDNAに損傷を与える酸化ストレスを引き起こしていたことが確認された。

　このように精油には，ダニの代謝と免疫システムに影響を及ぼす効果があるため，駆除や忌避に有効なのである。

　一般に，多くの精油にはある程度の忌避効果はあるが，商業的な養蜂を成り立たせるほどの高いダニ防除効果のあるものは限られている。効果が認められる精油であっても，濃度や量，投与期間といった精油そのものの条件のほかに，気温や湿度，風などの地域環境の条件，巣箱の気密性，蜂児の有無などコロニーの状態を揃えるのは難しく，実験結果と同じ効果を出すことは容易ではない。また，ニンニクやタマネギなどはネズミに対して忌避効果があるほど強力でヘギイタダニを殺すには十分だが，ミツバチまで殺してしまい使用に適さない（Imdorf *et al.*, 1999）。ほかにも精油はマイナーゆえに安定して使用するためのノウハウが蓄積されていない問題や，価格が高い問題もある。効き目があるからといって，何でもかでも使えるわけではないのである。

　そのようなこともあって，現在養蜂家が採用している精油には，以下に取り上げるチモバール（チモールを主成分とした製剤）とメントールくらいしかない。

b．チモバール

　チモバールは，タイム（*Thymus vulgaris*, ジャコウソウ）やオレガノ（*Origanum vulgare*）などの香油成分であるチモール（thymol）を主成分とする薬剤である。日本では2019年にミツバチを対象とした動物用医薬品として承認され，2020年から販売が開始された（図4−8a，b，c）（表4−4）。

・使用方法――温度条件は必ず守ること

　チモバールはギ酸と同じように気化させて用いる。巣箱内をチモールで充満させ，ハチの体についたヘギイタダニを殺すという仕組みである。

　使い方は，チモールが板状のスポンジに含まれているので，その板を巣枠の上に

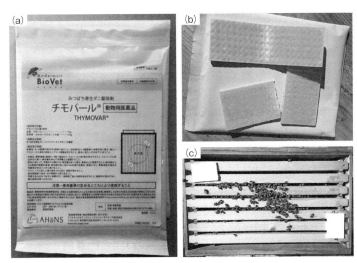

図4－8　チモバールの使用例
（a）チモバールのパッケージ。（b）ウエハース小片。半分に割って使う。（c）蜂児巣枠から離れた巣枠の上に置く。巣箱は日陰に置くのが安全である。

置くだけである。チモールは徐々に昇華し，効果は長期間持続する。投与時期は気温が15℃以上30℃以下の時期で，期間は3週間ないし4週間である。

　このように気化させて使用するタイプであることから，チモバールは温度に左右されやすく，巣箱の気密性の程度によっては，効果が下がったり，ミツバチ自体にダメージを与えたりすることもある。この点がアピスタンやアピバールとは異なり，扱いが難しいところである。

　また，高温下で使用すると，昇華が急速に進んでしまい，ダニだけでなくミツバチにも影響を及ぼすことがある。たとえば，女王バチが産卵を停止したり，消失したり，大量死が起きたり，逃去したりすることがある。チモバールの承認申請者は試験を行っており，通常の3倍の量を使用した場合，女王バチの喪失や産卵頻度の低下，成蜂の死亡が増加したと報告している[53]。そのため，外気温が30℃を超える季節は使用に適さない。

（52）クローブ（*Syzygium aromaticum*）は，チョウジとも呼ばれるフトモモ科の樹木で，強い香気を放ち，古くから香辛料として使われてきた。
（53）食品安全委員会動物用医薬品専門調査会は，「アリスタヘルスアンドニュートリションサイエンス株式会社，動物用医薬品製造販売承認申請書 チモバール（非公表）」を根拠に評価書を書いている。

表4-4　チモバールとメントールの使用方法・残留・法令関係

名称		チモバール	メントール
主成分		チモール	エル・メントール
使用方法	量	ウエハース小片1枚	30g
	手順	蜂児圏から離して巣枠の上に設置	気温が低い時は巣枠の上に，高い時は底板に設置
	期間	3〜4週間以内	3〜4週間以内
	時期	気温が15℃以上30℃以下の時期	気温が20℃以上30℃以下の時期
		35℃以上の使用は厳禁	40℃以上の使用は厳禁
	ヘギイタダニへの効果	ばらつきはあるが7割前後の駆除率が期待できる	低い
	アカリンダニへの効果	低い	防除目的を達成することができる
	注意事項	高温時には急激に昇華し，大量死，逃去などを引き起こすことがある。特に女王バチ喪失リスクが高い	高温時には急激に昇華し，大量死，女王バチ喪失，逃去などを引き起こすことがある
ハチミツへの残留	治療後の濃度	0.15ppm	約10ppm
	味覚閾値	1.1〜1.3ppm	20〜30ppm
法令関係	動物用医薬品の指定	あり	なし
	ポジティブリスト制度の残留基準値	30ppm	0.01ppm（一律基準）

（筆者作成）

　さらに，気温が使用条件に合っている場合でも，巣箱が直射日光にさらされると予期せぬ事故が起こりうるため，日陰に置いたり日除けを使ったりするなどして温度上昇を防ぐ必要がある。同じ理由で，34℃程度が保たれる蜂児巣枠や蜂児圏から離して置くようにしなければならない。逆に低温では昇華しにくいため，冬季のように外気温が15℃を下回る時期の使用も適さない。

　チモールの気体は，ギ酸とは異なり蓋掛けされた巣房にまでは浸透しないため，巣房内のヘギイタダニには効果がない。そのため，治療は蜂児が少ない時期に実施するほうが高い効果を期待できる。

・不安定な駆除率と女王バチ喪失リスク

　チモバールの駆除率は安定しない。2013年10月にカナダで行われた実験では，22日間の治療でヘギイタダニの駆除率は26.7％だった（Naggar *et al.*, 2015）。一方

で，2009年8月下旬（冷涼な秋）にアイルランドで行われた実験では，平均駆除率は84.7％だった（Coffey and Breen, 2013）。その他，Whittingtonら（2000）による実験では68±6％だった。

チモールはハチの気管にも及ぶため，アカリンダニにも効果がある。チモールとシトロネラの1対1の混合液25gで9月に治療を行ったコロニーでの翌年5月における寄生率は，22.4％減少していた。対して，無治療群では28.3％増加していた（Calderone *et al.*, 1997）。また，20％のキャノーラ油を媒体に4.8gのチモールを溶かしスプレーで噴霧したコロニーでは，寄生率は1.3±7.5％まで下がったが，無治療群では23.3±6.0％だった（Whittington *et al.*, 2000）。

なお，アカリンダニに効果があったのはスプレーでチモールを噴霧する方式の場合である。チモバールのように，担体に含まれたチモール結晶を昇華させる方式では，顕著な効果は見られなかった。

では，養蜂現場において，より高い効果を得るためにチモールは噴霧して使えばよいのかというと，決してそのようなことはない。そのような使い方はハチにとって非常に有害で，女王バチの喪失率は50％にも上る（Whittington *et al.*, 2000）。動物用医薬品として製剤化されたチモバールが，チモール結晶を徐々に昇華させる方式を採っているのはこのためである。経験上，製剤化されたチモールであっても女王バチ喪失事故は珍しいことではない。

• 人体への影響

チモバールは比較的安全性の高い薬剤であり，香りも悪くないが，気体はなるべく吸い込まないようにし，また皮膚との接触を避けるために手袋をつけて扱う必要がある。

• ハチミツや蜜蝋への残留

チモバール（チモール）は，ハチミツや蜜蝋に残留する。チモールで治療を行ったコロニーのハチミツから平均0.15ppm（0.02〜0.48ppm）のチモールが検出された（Bogdanov *et al.*, 1998）。ただし，治療の回数が増加してもこの濃度は上昇しなかった。チモバールの承認申請者が行った残留試験でも，ハチミツ中のチモール濃度は，投与開始4週間後では0.08〜1.3ppm，投与終了4週間後では最大0.17ppmという結果を得ており，概ね同じ結果である。また，内閣府の食品安全委員会は，ヒトへの健康影響は無視できると考え，ADI（一日摂取許容量）を特定する必要はないと評価している。残留農薬等のポジティブリスト制度においても，残留基準値は

30ppmに定められており，ハチミツへの基準値以上の残留リスクは非常に低い。

　チモールの味覚閾値は1.1〜1.3ppmであり（Bogdanov *et al.*, 1999），風味についても特に問題にはならない。もっとも，製造メーカーによれば，投与後21日間はハチミツの風味に影響を与える可能性があるとのことである。

　蜜蝋への残留については，治療後に平均21.6ppmのチモールが検出されている（Bogdanov *et al.*, 1998）。もっとも，アピスタン（タウ・フルバリネート）とは異なりチモールは今のところ抵抗性発達問題は報告されていないことから，この残留は，巣蜜（ハチミツ入りの巣板。蜜蝋ごと食べることができる食品）以外に問題になることはないと考えられる。

・薬剤抵抗性の発達は未確認

　現在のところ，ヘギイタダニやアカリンダニがチモールに対して抵抗性を発達させたという報告は見られない。

c. メントール（エル・メントール）

　メントール（l-menthol，薄荷脳）とは，ハッカ（薄荷）やミントに多く含まれる有機化合物で，室温で昇華する無色の結晶である（**図4−9**）。皮膚と接触すると清涼感があるため[54]，歯磨き粉や菓子類に添加されることがあり比較的身近な香油成分である（**表4−4**）。

　生物に対して忌避効果があり，虫除けにも使われることから，一般的なダニ駆除剤の成分として使われることがある。しかし，メントールを主成分とするヘギイタダニやアカリンダニの駆除剤は市販されていない[55]。

　メントールの使用に適しているのは，気温が20℃以上30℃以下の時期である。気温が低い時は巣枠の上に，高い時は底板に置く。どちらとも言えない時は，巣枠の上と底板の両方に分けて置く。メントールの融点はおよそ42℃であり，融解すると著しく気化するため，夏に使用する場合は少量を底板に置くようにするか，そもそも使用を控える。また，真夏に使用してはならない。

図4−9　エル・メントールの結晶
気温が高い時は少量から試す。

• ヘギイタダニには低い効果

Imdorfら（1999）は，実験室において気体1ℓ中20〜60μgのメントールで72時間燻蒸した結果，ヘギイタダニの致死率はほぼ100％で，ハチの損失は目立ったものではなかった，としている。一方，Higesら（1997）は，蜂児のないコロニーに4週間にわたって30gのメントールを使用した結果，ヘギイタダニの駆除率は20.5％だったと報告している。

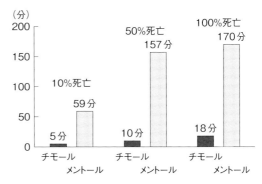

図4－10　チモールとメントールのヘギイタダニに対する効果

チモールは，メントールに比べてヘギイタダニを殺すのに要する時間が短い。
（出典）Balint *et al.*（2010）より引用（一部省略）

また，Balintら（2010）は，ろ紙をペトリ皿に敷き，0.5gのチモールとメントールの結晶を置き，成ダニになった10匹の雌のヘギイタダニが死ぬのにかかる時間を計測したところ，100％死亡にチモールでは18分で済んだのに対し，メントールでは170分もかかった（**図4－10**）[56]。

以上の実験結果から，メントールに一定のヘギイタダニ防除効果があるのは確かだが，十分効果を発揮させるためには，昇華しやすいように温度などの環境を整え，細かく砕くなどしておく必要がある。

• アカリンダニには高い効果

Nelsonら（1993）は，カナダにおいて1991年の5月中旬から6月上旬にかけて，21日間にわたってアカリンダニ駆除目的の治療を行った[57]。その結果，8月の終わりまでに，無治療の対照群の寄生率は25％まで上昇していたのに対し，治療群の寄

---

(54) 清涼感があるといっても，皮膚温度が下がっているわけではない。
(55) イタリアのケミカルスライフ（Chemicals Laif）社が開発したアピライフ・バー（ApiLife Var）は，日本では承認されていないが，成分のひとつとしてメントールが3.8％含まれている。
(56) Balintらは実験室の室温について特に記していないため不明であるが，チモールと比べてメントールの効きが悪いのは，実験室の室温では昇華に時間がかかったからだと考えられる。
(57) 設置方法は，巣箱の底面に30gまたは60gのメントールペーストを置く方法と，10gのメントールを含むプラスチックの短冊を3枚または6枚巣枠間に懸垂設置する方法だった。

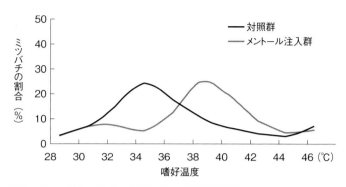

図4-11 メントールがハチの嗜好温度に及ぼす影響
対照群の嗜好温度は34℃台が最も多いが，メントールが注入された個体群の嗜好
温度はそれよりも4℃ほど高くなっている。
（出典）Kohno *et al.*（2010）より引用

生率は1%未満まで下がっていた。

　メントールは，アカリンダニの成ダニや若ダニには効果があるが，卵や幼ダニは
卵皮で保護されているため効果がない。その保護された期間はおよそ10日間続くた
め，少なくとも2週間は燻蒸を続ける必要がある。

　一般的には，暑さが落ち着いた秋に3，4週間治療を行う。

・温度感知を阻害する副作用がある

　メントールは，これまで欧米においてアカリンダニ防除のために大量に使用さ
れ，一定の効果を挙げてきた。しかし，副作用がないわけではない。メントールは
ハチの温度感知に悪影響を及ぼす。

　ミツバチは，触角の第3節にあるイオンチャネル（AmHsTRPA）で34℃付近の温
度を感知し，巣内温度が上がりすぎないようにしているが，メントールはその温度
感知を妨げてしまう。メントールによってハチが好む温度は上振れするのである。
具体的に，8割ほどのハチが36.5℃以上の温度を好むようになった。中には40℃を
選好するハチもいた（Kohno *et al.*, 2010）（**図4-11**）。

　巣内温度は，高いとダニの発生を抑制でき，よい面もあるが，高すぎると産卵が
抑制されたり，蜂児の変態に悪影響を与えることもある。ハチの温度感知能力が低
下することの弊害は大きい。

・ハチミツへの残留

　蜂児巣枠からとられたハチミツのメントールの濃度は，治療から21日後は，最大

コラム2　樟脳の効果と副作用

樟脳 (camphor) とは，クスノキの精油の主成分で，昇華性の白色の結晶である。着物や人形の防虫剤や衛生害虫・害獣の忌避剤として，あるいは防腐剤として使用されてきた。ヘギイタダニやアカリンダニの駆除剤としては，単体での使用方法は確立されていないが，チモールを主成分とするアピライフ・バーには3.8%含有されている。

Higesら (1999) は，蜂児のいないコロニーに4週間60gの樟脳を使用した結果，ヘギイタダニの駆除率は71.9%だったと報告している。また，Imdorfら (1999) によれば，実験室において気体1ℓ中50〜150μgの樟脳で72時間燻蒸した結果，ヘギイタダニの致死率はほぼ100%で，ハチの損失は目立ったものではなかったとのことである。防除効果は高いが，ハチにとっても忌避作用はあるため，逃去の原因になる (Kohno et al., 2010)。

味覚閾値は5〜10ppmである (Bogdanov et al., 1999)。

ヒトへの影響としては，樟脳には，皮膚刺激，強い眼刺激を起こすおそれがある。中枢神経系や腎臓・肝臓への障害を引き起こすおそれがあり，飲み込むと有害である。また，LD50 (経口) は，マウスに対し1,310mg/kgである。

で9.7ppmだったが，55日後は最大で0.58ppmまで下がっていた。また，採蜜用巣枠から分離されたハチミツにメントールは残留していなかった（Nelson *et al.*, 1991)。メントールの味覚閾値は20〜30ppmである（Bogdanov *et al.*, 1999)。

残留農薬等のポジティブリスト制度においてメントールは個別基準は定められていないため，一律基準の0.01ppmが適用される。メントール治療を行ったコロニーのハチミツを販売等することはできない。

なお，メントールは，人の健康を損なうおそれのない場合に限って食品添加物として使用することが許されている [58]。ハチミツにわざわざメントールを入れて販売するような人はいないだろうが，もしそうしたいのなら「原材料」の欄に「1－メントール」を書き加えなければならない。

---

(58) 食品衛生法第12条，食品衛生法施行規則別表1。

図4－12　レモンバームの葉
シトラールを含有する。

・安全性

　メントールには，皮膚刺激，眼刺激を起こすおそれがある。また，LD50（経口）は，マウスに対し3,180mg/kgである。

d.　シトラール

　シトラールは，レモンなどに含まれる芳香成分である。

　Abdel-Rahmanら（2011）は，2007年の11月から12月にかけて上エジプトのアシュートで，50％の砂糖水に様々な濃度のレモン果汁を加えて巣枠ごとに5mℓ噴霧し，これを6日に1度のペースで5回行った。その結果，濃度が高ければ高いほど，高いヘギイタダニ防除率が達成された[59]。ハチの死亡率は，対照群よりも低かった。

　レモンには，シトラール（citral），リモネン（limonene），シトロネラール（citronellal）といった香油成分が含まれている。実験室でハチにシトラールをさらしたところ，寄生していたヘギイタダニの72.8％が落下したことから（Elzen *et al.*, 2000b），シトラールが，ヘギイタダニに作用したと推測される。また，シトラールはアカリンダニに対しても効果があり，66.8％の駆除率が報告されている（Elzen *et al.*, 2000b）。

　なお，シトラールは，レモンバーム（*Melissa officinalis*，メリッサ。ギリシャ語でミツバチを意味する）の葉にも含まれている。シソ科のレモンバームがレモンの香りをさせるのは，このシトラールゆえである（**図4－12**）。

5.　残留農薬等のポジティブリスト制度

　2006年5月から施行されているポジティブリスト制度により，現在は，残留基準値を超えて農薬等が残留する食品を販売等（不特定多数への流通。無償の場合も含む）することは禁止されている（食品衛生法第13条第3項）。

　このポジティブリスト制度において，まず，人の健康を損なうおそれのないことが明らかな農薬等で，厚生労働大臣が指定する物質がある[60]。これらは制度の対象外として，残留していても販売等の禁止といった規制は特に課されない。そのよう

コラム3　ショートニング・シュガー・パティ

アカリンダニ防除に，「ショートニング・シュガー・パティ」が用いられることもある。これは，常温で半固形化する植物性の油脂（ショートニング）とグラニュー糖（シュガー）を混ぜたペースト状のもの（パティ）のことである。混合割合は，ショートニング1に対しシュガー2である。これを蜂児巣枠の上に置いておくと，ハチの気管から出てきたアカリンダニは攪乱され，新しい乗り換え先である若齢バチを発見できず，数時間で死亡し，繁殖が抑えられるとのことである。これをシーズン中継続して行うと，越冬前には寄生率は軽症水準まで下がると報告されている（Sammataro et al., 1994; Sammataro and Needham, 1996）。このパティはハチが食べてしまうので，なくなり次第補充する。

常温で半固形化する植物性の油脂といえば，マーガリンを思いつくかもしれな

いが，マーガリンは塩分を含むものが多いため不適当である。砂糖水給餌を行う際に塩を添加するよう指導している養蜂書が存在するが，塩分はミツバチにとって有害なため，わざわざ餌に加えてはならない。芳山と木村（2012）による実験では，塩分濃度100mg/mℓの砂糖水を給餌したところミツバチは3日以内に全滅してしまった。塩分濃度2.5mg/mℓの砂糖水の場合においても，6，7日目で対照群よりも高い死亡率を示した。このようなわけで，油脂は無塩のものを使わなければならない。

このショートニング・シュガー・パティを用いた防除のメリットは，コストを非常に低く抑えられるところである。ほかにも，薬剤抵抗性発達の問題や化学物質残留の問題がない利点もある。食品衛生法上の残留基準を気にする必要もない。

な対象外物質には，乳酸やクエン酸などがある。

次に，ポジティブリストに，個別に残留基準値が設けられている農薬等がある。食品の成分に応じて規格が設けられており，ハチミツの場合，承認されたミツバチ用医薬品であるアピスタン（フルバリネート），アピバール（アミトラズ），チモバール（チモール）それぞれの基準値は，0.05ppm，0.2ppm，30ppmである。正しい使用

（59）濃度10%で32.5%，25%で40.6%，50%で82.9%，75%で84.4%，100%で86.6%の防除率を達成した（小数点第2位を四捨五入した）。

（60）対象外物質は見直しのたびに追加されており，制度施行当時は65種類であったが，本書執筆時点（2021年12月）では74種類となっている。

方法に従っている限り，通常この基準を超えることはない。

　さらに，それら以外の化学物質，たとえば，ギ酸やシュウ酸，メントールなどについては，個別に残留基準値は設定されていないため一律基準が適用され，0.01ppmを超えて残留している場合は販売等が禁止される。プロポリス，ハチノコについても，個別の残留基準はないため，承認された動物用医薬品も含めて一律基準が適用される[61]。

　この一律基準はかなり厳しい基準で，ギ酸やシュウ酸などポジティブリストに挙げられていない物質を使用した場合，この基準に抵触することになる。これは個別基準が設定されていないためで，たとえばもしメントールを主成分とするミツバチ用の動物用医薬品が承認されるなら，現実的な基準が定められるようになるだろう。また，食品添加物として認められているにもかかわらず，残留基準のほうにひっかかってしまうというチグハグも解消されるようになるだろう。それでも，承認された製剤がない現状においては，一律基準で規制されるのはやむをえないことである[62]。

　具体的なケースとして，現在，ニホンミツバチの飼育者の間ではメントールの使用が一般化・常態化しているが，既述のとおり，治療に使ったメントールはハチミツに残留しているため，そのようなハチミツは，自家消費は問題にならないものの，不特定多数への流通は，食品衛生法上禁止されることになる[63]。

6.　おわりに

　現代の農業は，主に化学農薬と化学肥料に支えられており，そのおかげで高品質・高収量の農業生産が実現している。しかしこれは同時に，今のペースで生産を続けるためにはそれら合成化学物質に頼らざるをえない状況も生んでいる。その余波は養蜂にも及んでおり，ミツバチも様々な化学物質にさらされるようになった。

　この現状に何の疑問も持たない養蜂家はいないと思われるが，信頼性の点や，入手可能性の点，また作業負荷など実務的な観点から，アピスタンやアピバールなどの承認された薬剤に依存しているのが現状である。

　承認された薬剤は，合法的に使用できるが，当のハチを殺さないわけではないし，ハチミツなどにまったく残留しないわけでもない。あくまで流通に必要な基準値をクリアしているだけである。その割にダニ駆除効果は満足のいくものではな

コラム4　ハーブを巣箱に入れるのは有効か？

　実用的な殺ダニ剤であるチモバールの主成分はチモールであり，チモールはタイムやオレガノなどから抽出されたものである（図Ⅳ−1）。ということは，タイムやオレガノの葉を巣枠の上に置くならば，巣箱内で成分が発散され殺ダニ効果が得られるのではないだろうか。

　エタノールを溶媒にして60℃に加熱したタイムの乾燥葉1gから得られるチモールは，7.03 ± 2.23mgである（Bermejo *et al.*, 2015）。対して，チモバールのウエハース小板1枚に含まれているチモールは15gである。よって，チモバールのウエハース小板1枚のチモールを得るのに必要なタイムの乾燥葉は約1.62〜3.13kgということになる。

　大雑把に言ってアロマオイルは，エキスを得るために重量ベースで100倍から

図Ⅳ−1　タイムの花と葉
チモバールの主成分であるチモールを含有する。

1,000倍，あるいはそれ以上の植物の組織が必要である。香油成分を含むハーブなどそのまま巣箱に入れても，入れた直後は多少の効果はあるだろうが，十分な殺ダニ効果を得るのは難しい。抽出プロセスを経ずに生のまま巣箱に入れるというのは，賢明なことではない。

（61）　巣蜜やロイヤルゼリーはハチミツに分類されており，同じ基準が適用される。「農産物等の食品分類表」http://www.ffcr.or.jp/zanryu/reference-list/post-88.html（2021-7-30）
（62）　アメリカ腐蛆病予防薬のタイラン水溶散は，「動物用医薬品及び医薬品の使用の規制に関する省令」において使用規制は課されていないが（執筆時点。現在，食品安全委員会による見直しが行われており，必要と判断された場合は，使用規制が課される），ミツバチ用の医薬品として承認を受けたことにより，一律基準よりも緩やかな個別基準（0.7ppm）が設定された。
（63）　一律基準に違反した商品を販売し回収するに至ったケースに，「グリホサート混入ハチミツ」の例がある。グリホサートは，「ヒトに対しておそらく発がん性がある」化学物質で，除草剤の成分として使われているが，執筆時の2021年12月現在，個別基準は設定されていない。「サクラ印ハチミツ」のブランドで有名なハチミツ販売大手・株式会社加藤美蜂園本舗は，このグリホサートがハチミツに0.02〜0.03ppm混入していることを認識しながら販売を続けていた事実が『週刊新潮』2021年10月14日号に報じられ，対象商品を自主回収する運びとなった。

　日本には，ギ酸やシュウ酸を主成分とするミツバチ用の医薬品で承認されたものはないが，アメリカ合衆国やヨーロッパ連合（EU）では，承認されたダニ駆除剤が市販されている。

　アメリカ合衆国では，ダニ駆除剤は農薬に分類されるため，食品医薬品局ではなく環境保護庁が承認を行っているが，同庁は，1999年にはギ酸を主成分とする「フォー・マイト（For-Mite）」を，2015年にはシュウ酸そのものを，ダニ駆除剤として承認している。現在同国では，2017年に承認された「フォーミック・プロ（Formic Pro）」という，ギ酸を含むジェルを紙で包んで短冊状にし，比較的安全に使えるようにした製剤が市販されている。なお，この承認は連邦レベルのもので，州によって対応が異なる場合もある。

　またEUでは，欧州医薬品庁が，「ヴァロメド（VarroMed）」という，ギ酸5mg/mℓとシュウ酸二水和物44mg/mℓを主成分とするヘギイタダニ駆除剤を，2016年に承認している。

　もちろん，海外のギ酸・シュウ酸製剤なら残留しないとか危険でないとかということはなく，本文中で指摘したような問題は残るが，それらは使用実績があるものなので，日本で承認が得られないということはないだろう。実際のところ日本では，海外で先行使用された薬剤が承認されるケースは多い。

　誰かが農林水産省に承認申請を行う必要はあるが，承認が得られるなら，薬機法に抵触することはなくなり，ポジティブリスト制度の残留基準値も個別に設定され，安全で残留しにくい使い方（採蜜時期の使用は避ける，排蜜を行うなど）も周知されるようになり，ダニ防除は一段と進展することだろう。

く，その上，他の農薬と比べても高価である。そのため，ギ酸など他の化学物質を試す動きもあるようであるが，法的な制限があり，実務的にも手間がかかるなど，問題を大きくすることにしかなっていない。ダニ問題の解決からは遠ざかるばかりである。

　結局，認可外の薬剤に迷い込むくらいなら，アピスタンやアピバールなどの承認された薬剤を用いるのが最も手間もかからずコストも最小に抑えられる，という結論に落ち着く。しかし，この議論は振り出しに戻ることになる。では，どうすればよいのだろうか。化学的防除以外の方法も検討する必要がある。

第 5 章

物理的防除

1. はじめに

　前章では，アピスタンやアピバールなどによる化学的防除について検討した。薬剤抵抗性を有するダニが出現している現在，化学的防除のみに依存することは限界にきており，防除技術に別の方向が必要になっていることは，すでに読者諸氏も理解されていることだろう。ここでは，化学的防除に代替，あるいはカバーする方法のうち，物理的防除について検討する。具体的な方法としては，ヘギイタダニが雄バチ巣房を好む性質を利用して駆除する「雄バチ巣房トラップ法」と，高温に弱い性質を利用した「温熱療法」の理論と実際について述べる。

2. 雄バチ巣房トラップ法

a. ヘギイタダニは雄バチ巣房を好む

　ヘギイタダニの居場所は，大きくふたつある。ひとつは成蜂の体表で，主に腹部の腹側や側面，あるいは腹板の隙間である。もうひとつは蜂児巣房の中である。前者では成虫，後者では蛹に寄生し，どちらも主にハチの脂肪体を食べて生きている（Ramsey *et al.*, 2019）。防除を考える上で重要なのは，蜂児巣房にいるヘギイタダニである。蜂児巣房はヘギイタダニの繁殖の場で，巣房に入る時には1匹だったヘギイタダニは，出てくる時には母ダニ1匹と娘ダニ2匹の計3匹になっている。

　ここで留意しておきたいのは，ヘギイタダニは，ミツバチの蜂児巣房以外で繁殖することはできないということである。もし巣房内のヘギイタダニを抑えることがで

表5−1　ヘギイタダニの産卵間隔

	蓋掛けされてからの平均産卵時間	前の産卵からの平均時間
第1子（雄）	70.9±3.2	
第2子（雌）	101.7±2.9	30.2±1.1
第3子（雌）	130.3±3.3	29.3±0.8
第4子（雌）	161.2±8.5	29.0±0.9
第5子（雌）	190.3±7.7	29.5±1.0

（出典）Donzé and Guerin（1994）より引用（一部改変）

きれば繁殖は妨げられ，自然死などで減っていくことになる。つまり，本当に駆除すべきなのは，目にしやすい成蜂の体表についたヘギイタダニよりもむしろ，蜂児巣房内に隠れているヘギイタダニのほうなのである。

そこで考え出されたのが雄バチ巣房トラップ法である。これは，蓋掛けされた雄バチ巣房に入った雄バチの蛹を処分することで，それに寄生しているヘギイタダニをも処分する方法のことである。

セイヨウミツバチのコロニーに寄生しているヘギイタダニは，トウヨウミツバチのコロニーとは異なり，雄バチ巣房だけでなく働きバチ巣房にも潜り込み繁殖することができる。そのため，雄バチ巣房だけをターゲットにしても駆除の目的は十分果たせないように思えるかもしれない。しかし，この方法には非常に高い効果がある。なぜなら，ヘギイタダニは働きバチ巣房よりも雄バチ巣房を10倍も好んで入り込むからである[1]。

なぜヘギイタダニは雄バチの巣房を好むのだろうか。それを知るためには，ヘギイタダニの発生プロセスとそれに要する時間を理解する必要がある。

ヘギイタダニの個体発生過程についての研究によると[2]，ヘギイタダニは，蛹になる直前の幼虫がいる巣房に蓋掛けされる数時間前に潜り込み，蓋掛けされてから約70時間後に産卵を開始する（Donzé and Guerin, 1994）。最初に産卵するのは無精卵で，それから雄ダニが生まれる。その雄ダニは約150時間かけて成ダニになる。産卵間隔は約30時間である。ふたつ目以降は有精卵で，それらからは雌ダニが生まれる。雌のヘギイタダニは約133±3時間かけて成ダニになる。母ダニは蓋掛けから出房までの間，雄バチ巣房では6個，働きバチ巣房では5個の卵を産む（Martin, 1995）（表5−1，5−2）（図5−1a，b，c）。

ここでミツバチの蛹の期間（蓋掛けされている期間）が重要になる。働きバチは約12日間（290時間）であるが，雄バチは約14日ないし15日間（340時間から360

表5−2 ヘギイタダニの成長にかかる時間

卵の番号	卵の性	巣房の種類	成長時間			
			卵	第1若ダニ	第2若ダニ	合計
1	雄	雄バチ	28	68	54	150
		働きバチ	30	52	72	154
2	雌	雄バチ	28	40	68	136
		働きバチ	22	32	76	130
3	雌	雄バチ	26	34	68	128
		働きバチ	24	34	80	138
4	雌	雄バチ	22	36	76	134
		働きバチ	22	26	86	134
5	雌	雄バチ	20	26	74	120
		働きバチ	22	28	−	−
6	雌	雄バチ	20	28	68	116
		働きバチ	−	−	−	−

（出典）Martin（1995）より引用（一部改変，省略）

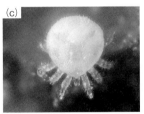

(a)   (b)   (c)

図5−1 ヘギイタダニの雌の第1若ダニ，第2若ダニ，雄ダニ

(a) 雌の第1若ダニ。(b) 雌の第2若ダニ。(c) 雄ダニ。これらは，外気に触れると乾燥して死ぬ。外皮が赤茶色になると乾燥に耐えることができるようになる。

（出典）　(a) Varroa destructor protonymph, Gilles San Martin（CC BY-SA 2.0）
　　　　　　https://www.flickr.com/photos/sanmartin/5048063601/
　　　　　(b) Varroa destructor deutonymph, Gilles San Martin（CC BY-SA 2.0）
　　　　　　https://www.flickr.com/photos/sanmartin/5048693762/
　　　　　(c) Varroa destructor（Adult Male）, Gilles San Martin（CC BY-SA 2.0）
　　　　　　https://www.flickr.com/photos/sanmartin/5048079279/

(1) たとえば，Bootら（1995）では11.6倍，Fuchs（1990）では8.3倍（カルニオラミツバチ），竹内と酒井（1986）では12.2倍となっている。この傾向は寄生レベルによって変わることはなく，また，雄バチ巣房が少ない時期にはより強くなる。

(2) ヘギイタダニの個体発生過程についての知見は，1981年7月から11月にかけてギリシアのテッサロニキにおいてIfantidis（1983）が行った観察とその報告に負うところが大きい。しかし，その先行研究は後に，Martin（1995）が1994年5月から7月にかけてイギリスのデヴォンで行った野外での研究や，DonzéとGuerin（1994）の実験室における観察によって修正されている。

時間）で，働きバチよりも2日ないし3日長い。母ダニは，巣房が蓋掛けされてから約70時間後に産卵を開始し約30時間おきに産んでいくが，娘ダニが成熟するには約133±3時間もの時間が必要なため，雄バチ巣房の場合は雄バチの出房までにすべての子ダニが成熟することができるが，働きバチ巣房の場合は，働きバチが出房するまでに第3子までは成熟することができるものの，第4子は少し時間が足りず，第5子については完全に時間切れとなる（Martin, 1995）。

このように，順調であるならば，働きバチ巣房の蓋が開けられる頃には，母ダニ1匹，雄の成ダニ1匹，雌の成ダニ2匹，未成熟の雌ダニ2匹がいることになる。ただ

コラム1　トウヨウミツバチのヘギイタダニ抵抗性

トウヨウミツバチでは，ヘギイタダニの寄生は深刻な問題にはなっていない。それは，トウヨウミツバチがヘギイタダニに寄生された蜂児を首尾よく見つけ出し，巣外に捨てるという衛生行動をとったり，働きバチ巣房の温度を高く保ちヘギイタダニの繁殖を抑えたりしているからである。それ以外にも，蜂児巣房に蓋掛けされる期間がセイヨウミツバチよりも短いことも，寄生問題の軽減に寄与している。トウヨウミツバチの働きバチは，卵の期間は3日，幼虫は5日，蛹は11日（270時間）で，セイヨウミツバチの働きバチよりも蛹の期間が1日短い（Punchihewa, 1994）。つまり，もしヘギイタダニがトウヨウミツバチの働きバチ巣房に潜入し首尾よく繁殖できたとしても，1回の繁殖で1匹，場合によっては2匹しか新しい成ダニは生産されない。実際は繁殖に失敗することは少なくないのでこれよりもずっと少ない。これでは繁殖はおぼつかない。このようにトウヨウミツバチのコロニーでは，その衛生行動や高温維持による繁殖抑制だけでなく，働きバチの蛹の期間が短いことも寄与して，ヘギイタダニは働きバチ巣房にほとんど寄生しないのである。

一方で，トウヨウミツバチの雄バチの場合は，卵の期間は3日，幼虫は6日，蛹は14日（330時間）で，蛹の期間はセイヨウミツバチの雄バチのそれとほぼ同じであるが（Punchihewa, 1994），1回の繁殖で生産される娘ダニは4.5匹ないし4.6匹で，セイヨウミツバチの2.9匹ないし3.7匹よりも多い（Boot et al., 1997）（Martin（1995）は，セイヨウミツバチの雄バチ巣房での娘ダニの数は3.9匹ないし4.1匹と報告している）。それでも，トウヨウミツバチの雄バチの生産は春の分蜂期に限られ，セイヨウミツバチのように秋季まで続かないため，ヘギイタダニの寄生被害は深刻化しない。

し，成ダニになっていない若ダニと雄ダニは外気にさらされると乾燥して死んでしまうことから，働きバチ巣房から生きて出てくるのは，母ダニ1匹と雌の成ダニ2匹となる。一方で，雄バチ巣房からは，母ダニ1匹と雌の成ダニ5匹が出てくることになる。もっとも実際に雄バチ巣房から産み出される娘ダニは平均4匹（3.9匹ないし4.1匹）である。以上のとおり，蓋掛け期間が2日ないし3日長くなるだけで繁殖率が大幅に増加することがわかる。

　実際は蓋が開けられる時間は，12日または14日ちょうどではなく多少前後するし，巣房の中で死ぬダニも少なくないため，成ダニに育って出てくる娘ダニの数は計算どおりではない。しかも，実際には様々な理由で雌ダニの約55％しか子孫を残さないことから，雄バチ巣房では母ダニ1匹あたり産み出される雌の成ダニは，2匹ないし2.2匹となる（Martin, 1995）。働きバチ巣房では1.3匹ないし1.45匹に留まる。母ダニはこの繁殖サイクルを1.5回から3回繰り返す（Rinderer and Coy, 2020）。

　以上のとおり，繁殖という観点からは，蓋掛け期間の長い雄バチ巣房のほうが有利である。こうした理由から，ヘギイタダニは，働きバチ巣房よりも雄バチ巣房のほうを約10倍も選好すると考えられる。

b.「雄バチ切り」―ヘギイタダニを雄バチの蛹ごと処分する

　雄バチ巣房トラップ法の基本形は，蜂児巣枠から雄バチ巣房を切り取り，除去するというもので，「雄バチ切り」と呼ばれることもある [3]。

　その方法は次のとおりである。まず蜂児巣枠からハチを払い除け，次にナイフやハイブツールなどを用い，蓋掛けされた雄バチ巣房を除去する。雄バチ巣房の蓋掛け期間は約14日なので，シーズン中は2週間に1度のペースでこれを行う。

　しかし，この方法には様々な欠点がある。まず，綺麗に雄バチ巣房だけ切り取ることは意外と難しく，隣接する働きバチ巣房にダメージを与えてしまうことがある。また，雄バチ巣房を文字どおり除去するため，働きバチによって再び造巣されるのを待たなければならず，特に，カルニオラミツバチなど造巣に熱心でない品種

（3）元々「雄バチ切り」は，ヘギイタダニ防除技術として開発されたわけではない。雄バチは花粉や蜜を集めることをせず，子育てや巣の掃除などを行うわけでもない「無駄蜜食らい」である。そのため，少しでもハチミツの収穫量を増やそうと，雄バチを切り捨てることが行われてきた。それが元の「雄バチ切り」だが，偶然にもヘギイタダニ対策にもなっていたため，雄バチ巣房トラップ法は「雄バチ切り」と呼ばれている。

図5-2　巣礎の例

(a) 通常の巣礎。大きさは天然のものよりも一回り大きい5.5mm。これを基礎にしてミツバチは巣を造る。(b) 人工の雄バチ巣房の巣礎。女王バチは巣房の大きさがわかるので，これから造られた巣房には無精卵しか産まない。この雄バチ巣房の大きさは6mm。なおミツバチの巣房の「大きさ」は，写真のとおり，横に並ぶ巣房の長さを個数で割って求める。つまり，巣房の幅が「大きさ」になるのであり，縦の長さ＝最大径が「大きさ」になるわけではない。また，巣房の断面は円形ではないため，「直径」という言い方はしない。

や系統の場合や，巣礎を用いている場合は，雄バチ巣房が不足しやすい[4]。さらに，造巣のたびにハチミツが蜜蝋に変えられ，いたずらに消費されてしまうという問題もある。

c. 雄バチ巣房専用巣礎枠の利用

　ミツバチが巣造りを効率的に行えるように六角形の巣の原型を印圧した板を巣礎と呼ぶ[5]（**図5-2a**）。通常この巣礎に印圧されている六角形は，天然の働きバチ巣房（5mm前後）よりも少し大きい5.5mm程度であるが，雄バチ巣房専用巣礎枠には，それよりもさらに大きい6.0mmから6.4mm程度の六角形が印圧されている（商品によって差がある）。ハチたちはこの大きな「巣房の残骸」を基礎に巣盛り（巣造り）を行うので，雄バチ巣房専用巣礎枠は，表裏面が雄バチ巣房ばかりの巣板になる（**図5-2b**）。

　女王バチは，前脚で巣房の大きさを測りながら産み分けを行っており，雄バチ巣房のサイズには無精卵を，働きバチ巣房には有精卵を産む。無精卵からは雄バチしか生まれてこないため[6]，雄バチ巣房専用巣礎枠を1枚巣箱に入れておけば，そこには無精卵が産みつけられ，その巣枠はヘギイタダニが最も好む雄バチ巣房ばかりの蜂児巣枠となる。その巣枠には，ヘギイタダニが大集合することになるので，蓋掛けされた頃に抜き出せば，巣内のヘギイタダニは，一網打尽とまでは言えないが，大幅に数を減らすことができる。

この抜き出した雄バチばかりの蜂児巣枠は，蜜蓋掻き器（**図4-4**）や刃物などを使って巣房をすべて削ぎ落とし，洗って再利用する。これも「雄バチ切り」と同様にシーズン中は繰り返し行う。雄バチの蛹はそのまま処分してもよいが，他の動物の餌として再利用することもできる。

d. 「雄バチ巣房刺し」—切らない「雄バチ切り」

雄バチ巣房を切除したり，あるいは雄バチ巣房専用巣礎枠を使ったりしなくても，雄バチ巣房トラップ法を実践することができる。蓋掛けされた雄バチ巣房を，ピンなどの細い棒で突き刺して蛹を傷つけるのである（**口絵**）。これによってダメージを受けた蛹は，異常を察知した働きバチによって直ちに処分される（**図5-3**）。その結果，ダニの繁殖は中断され，未成熟の娘ダニと雄ダニは乾燥して死ぬ。母ダニは生き残るが，約95％が再繁殖に失敗するようになり（Kirrane *et al.*, 2011）[7]，ヘギイタダニの増殖は抑えられることになる。

巣房が蓋掛けされてから最初の娘ダニが成熟するまでは約200時間なので，この雄バチ巣房を「切らない」方法の場合，シーズン中は1週間に1度のペースで行う必要がある。

この方法のメリットは多い。第1に，雄バチ巣房は残っているため再造巣を待つ必要がない。巣房は働きバチの清掃後すぐに再利用可能になる。第2に，傷つけた蛹のタンパク質などが，回収・再利用される。働

図5-3 育房から引きずり出され巣の外に捨てられた雄バチの蛹

---

(4) 全面巣礎を用いると，巣礎の外縁の無巣礎部分にしか雄バチ巣房は造られない。
(5) 蜜蝋とパラフィンを混ぜたシート，あるいはプラスチック板で，表裏面に巣房の大きさに近い六角形が印圧されている。このプリントされた六角形は，ハチには「壊れた巣房」あるいは「造り掛けの巣房」とみなされるため，「元の大きさの巣房に修復」される。この巣礎を使うことで巣板（ハチの巣）は，速いペースで造り上げられていく。
(6) 有精卵からは，ふつうは働きバチとなる雌バチが生まれてくる。まれに過度の同系交配から二倍体の雄バチが生まれるが，この雄バチは働きバチによって処分されるため，見かけ上働きバチ巣房からは働きバチしか生まれてこない。
(7) こうした現象の理由に，雄ダニ産卵後に繁殖を中断された母ダニは雌ダニしか産まないことなどを挙げることができる。

きバチがわざわざ育てた雄バチの蛹を捨てるだけというのはもったいないことである。第3に，ダメージを受けた雄バチの死骸の除去状況を観察することで，コロニーの衛生行動能力を知ることができる。ヘギイタダニとの闘いは，コロニーの衛生行動能力にかかっているが，異常な蜂児を発見して速やかに処分するコロニーは，ヘギイタダニ抵抗性も高い（121ページ）。もし衛生行動能力が高ければ翌日には雄バチ巣房は綺麗に片付いているものだが，そうでないコロニーは死骸が残ったままになっている。このように，コロニーの能力を見極めるためにも，「雄バチ巣房刺し」を行うほうがよい。

e. 防除率

この雄バチ巣房トラップ法でどれだけヘギイタダニを駆除できるのだろうか。ここで，ヘギイタダニの雄バチ巣房の選好度合が働きバチ巣房よりも10倍強く，かつ雄バチ巣房が蜂児巣房全体の20％を占めていると仮定して考えることにしよう[8]。

その場合，蜂児巣房に入り込んでいるヘギイタダニの約71.4％が雄バチ巣房にいることになる。すべての雄バチ巣房を除去するだけで蜂児巣房に潜伏しているヘギイタダニの約7割を実質的に駆除できるというわけである。なお，20％の比率は野生のコロニーの場合である。巣礎を用いている場合は，これよりも比率は下がる。もし雄バチ巣房の占める割合が蜂児巣房全体の10％なら，蜂児巣房に潜伏中のヘギイタダニの約52.6％が雄バチ巣房にいることになる。

1回あたり約71.4％の駆除率（育房に潜伏中のものに限る。外部寄生中のものは含まない）は，防除方法としてはやや頼りない数値ではあるが，繰り返すほど効果は上がっていく。シミュレーションによれば，内検のたびに雄バチ巣房の3/4以上を除去するだけでも，重症化を1年遅らせることができる（Wilkinson and Smith, 2002）。

f. 薬剤抵抗性の発達や薬剤残留の問題がない

雄バチ巣房トラップ法のメリットは，動物用医薬品や有機酸などの化学物質を使わずに済むことである。これは，ハチミツや蜜蝋などへの残留リスクがまったくないということである。ヘギイタダニが最も増えやすい採蜜期間中に治療を行えることは，ハチミツなどを販売する養蜂家にとって特に大きなメリットである。

また，ヘギイタダニが薬剤抵抗性を発達させる心配もないので，何度でも行うことができる。さらによいことに，余計な費用もかからない。

その上，雄バチといえば，コロニーの仕事を手伝うことはなく，やることと言えば配偶飛行に出かけることくらいである。そのような「無駄蜜食らい」を処分できるので雄バチ巣房トラップ法の実践は一石二鳥である。

　とはいえ，雄バチは新女王バチの交配に不可欠な存在であり，一匹残らず処分してしまうと新女王バチは交配ができなくなってしまう。極端なことを言うと，全国の養蜂家すべてが雄バチ切りを厳密に実践するようになれば，その時に養蜂は途絶えることになる。実際にそのような危機的なことは起こらないとしても，雄バチの競争がなくなることは大問題である。

　自然状態で遺伝子を残すことができる雄バチは1％未満だが，これは偏差値で言えば73以上である。生殖のための競争は多くの雄バチがあってこそ実現するのであって，雄バチを処分することにより競争のハードルを下げるなら，新女王バチは凡庸な雄バチと交配する確率が高まってしまう。雄バチ巣房トラップ法は目先のダニ問題には効果的だが，長期的にはクリティカルな問題を孕んでいる[9]。

　そのようなわけで，雄バチ巣房トラップ法を主要な防除方法にする場合は，少なくとも飼育群のうち最優秀コロニーは，雄バチ生産群として取り分けておくべきである。

g. 季節限定の方法

　この雄バチ巣房トラップ法は非常に効果的だが，完璧というわけではない。自然に雄バチが作られるのは，主に4月から5月にかけての分蜂シーズン[10]である。晩秋ないし冬に雄バチが新たに作られることはほとんどない。雄バチが積極的に生産されない時期に雄バチ巣房専用巣礎枠を入れても，ハチミツが貯められるだけである。雄バチが作られない晩秋以降は，働きバチ巣房でヘギイタダニは増えるので，これとは別の方法で防除を行う必要がある。

　また，ヘギイタダニが雄バチ巣房に惹き寄せられるといっても，すべてのヘギイタダニが雄バチ巣房に忍び込むわけではない。成蜂の体に取り付いているヘギイタダニまでは駆除できない。それらは別の方法で駆除しなければならない。

---

(8) SeeleyとMorse（1976）によれば，野生のコロニーの雄バチ巣房が蜂児巣房全体に占める面積割合は平均17±3％，最大で24.2％だった。
(9) ほかにも，ヘギイタダニの雄バチ巣房を選好する遺伝形質が失われる懸念も残る。
(10) 旧女王バチが新女王バチに巣を明け渡して殖える時期のこと。

シュガーロール法

シュガーロール法とは，茶こしやふるいなどを使って巣板上のハチに粉砂糖を振りかけ，その粉砂糖によってヘギイタダニの脚のベタつきを弱め，ハチの体にしがみつくことができないようにして落下させる手法のことである (Ellis and Macedo, 2001)。寄生率を調べるためのシュガーロール法とは別物である。

粉砂糖のシャワーを浴びたハチたちは，砂糖まみれで真っ白になってしまう（図V−1)。ハチたちはセルフグルーミングで毛づくろいし，体にかかった粉砂糖をふるい落とす。それと同時にヘギイタダニも落下する。しばらくするとハチはいつもの姿に戻っている。こんなデタラメなような方法でも，ヘギイタダニの76.7±3.6%が駆除されるという (Aliano and Ellis, 2005)。

しかし，欠点が多々ある。採餌のために外に飛んで行ってその場に居合わせていないハチや騒ぎに興奮して巣箱の周りを飛び回っているハチにまで粉砂糖をふりかけることはできず，それらのハチのダニはついたままである。また，蓋掛けされた巣房には無意味であり，巣房内で繁殖しているヘギイタダニたちはシュガーロール法実施後に続々と出てくることになる。さらにまずいことに，体に付着した粉砂糖はハチの気管に詰まって正常な呼吸を妨げ，ハチの寿命を縮めることになる。シュガーロール法は決して無害ではないのである (Abou-Shaara et al.,

図V−1 シュガーロール法
粉砂糖を振りかけられ真っ白になったハチ。巣枠についたハチに，茶こしなどを使って直接粉砂糖を振りかける。なお，使用した粉砂糖は病気のまん延を防ぐため，餌としても再利用してはならない。

2016)。

作業に手間がかかるという問題もある。飼育群が1群だけなら不可能ではないが，そうでなければ来る日も来る日もハチに粉砂糖を振りかけ続けなければならない。その上，ハチミツに砂糖が混じってしまうため「純粋ハチミツ」として販売することもできなくなってしまう。シュガーロール法を実施した群れのハチミツを売る場合は，「加糖ハチミツ」として売らなければならない。もちろんそれは純粋ハチミツよりも値が下がる。落ちた粉砂糖には，一緒に落下したヘギイタダニ以外にもゴミや埃も混ざっており食用にすることはおろか，伝染病まん延のリスクのためハチの餌にすることもできない。そして何よりも，食べ物を粗末にした罪悪感に苛まれることになる。

総じて，化学物質を使わないということ以外，この方法にメリットは見当たらない。

3. 温熱療法

　私たちの日常生活では，殺ダニ剤を使うよりもむしろ熱によってダニを駆除していることのほうが多いかもしれない。概してダニは低温に強いが高温には弱く，一般的なダニの上限致死温度は45℃程度である。これを応用して熱でダニを駆除する「ダニ退治機能」付きの電気マットが市販されているし，真夏の炎天のもと60℃を超す自動車の中で布団のダニを駆除する人もいる。同じことが，ヘギイタダニやアカリンダニに対しても行えるのである。

a. ダニは何℃で死ぬか

　ヘギイタダニにとって，成長に適した温度は32.5℃から33.4℃の間である。しかし，36.5℃を超えるとほとんど産卵しなくなり，38℃を超えると産卵せずに死に始める（Le Conte *et al.*, 1990）。ヘギイタダニの上限致死温度は，約43℃である[11]。

　一方で，ミツバチ（ニホンミツバチを含む）の致死温度の上限は50℃程度であることから，巣箱の温度を一定時間43℃以上50℃未満に保てば，ミツバチを殺さずにヘギイタダニを駆除できることになる。もっとも，温度が43℃以上になると，ヘギイタダニだけでなく蜂児まで死んでしまう（**図5−4**）。

　Kablauら（2019）による実験結果を示しておこう。41℃を3時間保った場合，未成熟のダニには高い効果があったが，成ダニの致死率は3，4割程度に留まった。一方で，42℃を3時間保った場合はほぼすべてが駆除された。これに従えば，成ダニを駆除するには，42℃を3時間保つのが最適ということになる（**図5−5−1，図5−5−2**）。

図5−4　熱によって死んだ幼虫
幼虫は43℃から死に始める。また，蓋掛け直後の前蛹も熱によるダメージを受けやすい。写真では，44℃を超える熱風が蜂児に当たり続けたため，一部の幼虫が死に，封蓋下の前蛹もダメージを受けていた。温熱療法の実施時には，下向きの空冷ファンは蜂児巣枠の上に置かないようにする。

（11）ちなみに，ミツバチの天敵であるオオスズメバチの致死温度は45℃である（蜂球にされた場合。通常は47℃）。ハチノスツヅリガ（スムシ）は，47℃を1時間保つことで殺すことができる。

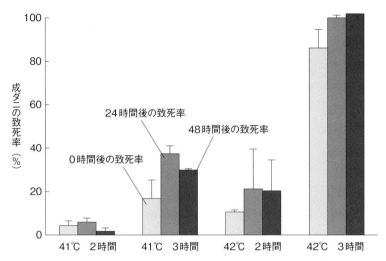

図5－5－1　温熱療法における成ダニの致死率
時間は治療からの経過時間を表している。成ダニに対しては42℃を3時間維持しなければならない。
（出典）Kablau *et al.*（2019）より引用

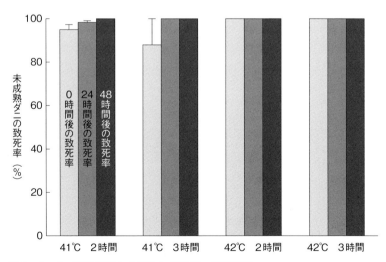

図5－5－2　温熱療法における未成熟ダニの致死率
未成熟のダニは高温に対する感受性が高く，41℃を2時間維持するだけで十分である。
（出典）Kablau *et al.*（2019）より引用

もっとも，42℃3時間の治療は，一部の蜂児に有害な影響が及ぶリスクが高まる。もし，蜂児の安全に配慮し，かつターゲットを未成熟のダニに絞ってその繁殖を阻止したいのであれば，41℃を2時間維持するのが最適だということになる（Kablau *et al.*, 2019）。成ダニを殺さないと防除した気にならないかもしれないが，防除としてはこれで十分である。そのため，Kablauらは41℃2時間の治療を推奨している。

　アカリンダニについては，正確な上限致死温度は不明であるが，Harbo（1993）によれば，成蜂を42℃の熱に6時間さらしたところ，かなりの数のダニを減らすことができたとのことである。また，3日齢の成蜂を39℃の熱に48時間さらしたところ，気管内の幼ダニはハチ1匹あたり0.01匹となってほぼ全滅し[12]，卵の数も通常の半分まで減少し，産卵が抑制されたことも確かめられたという。このことから，アカリンダニは39℃から42℃で駆除が可能ということが推測される（**表5-3**）。

　この温熱療法についての基礎研究の応用は以下の項目で検討するが，それを最初に行っていたのは，トウヨウミツバチである。トウヨウミツバチは，働きバチ巣房を35.5℃以上に，高温期には一時的に37.5℃から38.5℃に保つことでヘギイタダニの繁殖を抑えてきた（Bisht *et al.*, 1979）。もっとも，雄バチ巣房は33.5℃しか保たないため，ヘギイタダニとの共生関係を終わらせるには至っていない。

　セイヨウミツバチの場合，蜂児圏の温度は33.6℃から34.4℃である。ヘギイタダニの繁殖を抑えるには温度が足りず，それどころか繁殖に貢献している。なお，「巣内の温度は35℃に保たれている」と説明されることが多いが，そのような温度になるのは造巣中か分蜂前に限られ，めったにない（Bičík *et al.*, 2016）。

b. 世界の様々な温熱療法

　日本でのダニ防除は，これまで化学的防除の方向で模索されてきたため，温熱療法は見過ごされてきた。しかし，このような観点からの実験や発明は比較的早く，半世紀ほど前から世界各地で行われてきた（**表5-4**）。

　Tihelka（2016）のまとめによると，Hankoはアクリルガラスで「サーモキューブ」を作った。これは，ビニールハウスのように太陽光によって内部温度を上げるもので，直射日光に20分間さらすことで45℃を十分上回ったとされる。また，AmbrusとL'ubomírは「サーモベル」という中空の釣り鐘を作った。これを60〜70℃の湯に

---

(12) 熱にさらしていないハチの場合は，気管内に平均2.7匹の幼ダニが残っていた。

表5-3　ヘギイタダニやアカリンダニとミツバチの致死温度の関係

温度	ヘギイタダニ	アカリンダニ	ミツバチ
32.5～33.4℃	成長に適した温度		
33.5～36.4℃			セイヨウミツバチの蜂児圏の温度は33.6～34.4℃。トウヨウミツバチの蜂児圏の温度は35.5℃以上
36.5℃	ほとんど産卵しなくなる		
38℃	産卵せずに死に始める		
39℃		48時間でほとんどの幼ダニが死ぬ	
41℃	2時間でほとんどの未成熟ダニが死ぬ，3時間で成ダニの3，4割が死ぬ		
42℃	3時間でほとんどの成ダニが死ぬ	6時間でかなりの数のダニが死ぬ	
43℃			蜂児が死に始める
			雄バチの生殖能力が下がる
50℃			成蜂が死ぬ

（出典）Harbo（1993），Kablau *et al.*（2019），Le Conte *et al.*（1990）より筆者作成

7分間浸けたところ，内部の温度は45℃を上回り95.7％のヘギイタダニを殺すことができたという。

　Huang（2001）は，バッテリーで加熱することができる抵抗素子を組み込んだ雄バチ巣房巣枠「マイトザッパー」を発明した。これは，バッテリーで通電し2～3分加熱し，ヘギイタダニと雄バチの蛹を同時に殺す装置である。駆除率は100％とのことである。

　オーストリアのエコデザイン有限会社（ECODESIGN company GmbH）は，温度センサーを備えた電気駆動の「バロア・コントローラー」を開発し販売している。駆除率は97％とのことである。

　チェコのアピスイノベーション社（Apis Innovation）は，「サーモソーラー・ハイブ」というガラス窓付きの巣箱を販売している。Bičikら（2016）が2015年7月下旬にチェコで行った実験によると，直射日光にさらし40～47℃を2.5時間以上保ったところ，成蜂や蜂児にダメージを与えることなく，蜂児巣房中のヘギイタダニをほぼ

名称	年	国	考案者	加熱方式	方法	駆除率
カンノ式ダニ駆除産卵促進器	1968	日本	管野	ガス	4段の巣箱の最上部に，金網の籠を置き，それに成蜂を閉じ込め，42〜45℃を3〜5分保つ	－
サーモキューブ	1981	チェコスロバキア（当時）	Hanko	太陽光	アクリルガラスの箱の中にある金網の籠に成蜂を閉じ込め，直射日光に20分間さらし45℃を保つ	－
サーモベル	1983	チェコスロバキア（当時）	AmbrusとĽubomír	湯	金網の籠に成蜂を閉じ込め，中空の釣り鐘に入れ，それを60〜70℃の湯に7分間浸ける	95.7%
サーモボックス	1986	チェコスロバキア（当時）	KamlerとPastor	ガス	あらかじめ50℃に加熱された大きな箱に入った回転式ドラムに成蜂を入れ（女王バチは除く），下から炙り，ドラムを回転させて46〜48℃を10分を超えない時間保つ	－
サーモソーラーハイブ	1991	チェコスロバキア（当時）	Dvořák	太陽光	凹面鏡で巣箱の一部を加熱する	－
マイトザッパー	2001	アメリカ合衆国	Huang	電気	バッテリーで加熱することができる抵抗素子を組み込んだ雄バチ巣房巣枠に通電2〜3分加熱し，ヘギイタダニと雄バチの蛹を同時に殺す	100%
バロア・コントローラー	2011	オーストリア	エコデザイン有限会社	電気	装置に蜂児巣枠のみを入れて，循環する熱風に約2時間さらす	97%
サーモソーラー・ハイブ	2016	チェコ	Linhart	太陽光	ガラス窓付きの巣箱に蜂児巣枠と成蜂を入れ，40〜47℃を2.5時間以上保つ	99%

（出典）Bičik *et al.*（2016），Huang（2001），俵（1969），Tihelka（2016）より筆者作成

完全に駆除することができたとのことである。

　また，旧ソビエト連邦では，46〜48℃に保たれた保温室に10分間ハチを置くことで，90〜95％のダニの落下に成功したとのことである（De Jong *et al.*, 1982）。

　日本では，ヘギイタダニ禍が始まった直後の1968年に，管野敬が42〜45℃を3〜5分保つとダニがハチから離れることを発見し，金網の籠に閉じ込めた成蜂をプロパンガスで熱する方法を発表した（**図5－6**）（俵, 1969）。

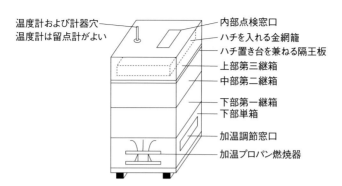

温度計および計器穴
温度計は留点計がよい

内部点検窓口
ハチを入れる金網籠
ハチ置き台を兼ねる隔王板
上部第三継箱
中部第二継箱
下部第一継箱
下部単箱
加温調節窓口
加温プロパン燃焼器

図5−6 カンノ式ダニ駆除産卵促進器
（出典）俵（1969）より引用

c. これまでの温熱療法の問題点

　温熱療法は，動物用医薬品などの化学物質を使わずに済むため，薬剤抵抗性の発達や残留農薬等の問題もない。また，蓋掛けされた蜂児巣房に潜んでいるヘギイタダニをも駆除することができるという点でも，原理としては非常に優れた防除方法である。

　しかし，温熱療法はこれまで主流になったことがない。それは，様々な技術的・実践的な困難があるからである。最も問題となるのは，温度の管理である。ダニの致死温度よりも温度が低ければ意味がなく，高ければ蜂児や成蜂が巻き添えになる。そのため，一定の温度を一定時間（41〜42℃を2〜3時間）保つ仕組みが求められる。次に，熱源の確保が問題になる。多くの養蜂場ではガスも電気も使うことができない。さらに，装置は大型化し，高価なものになりがちなことも問題である。

d. パッシブソーラー式温熱療法システム

　筆者は，これまでの温熱療法が抱える問題を克服した，実用的で安価な「パッシブソーラー式温熱療法システム」を開発した（**口絵，図5−7**）。

i 必要な資材

　温熱療法では熱源に，どこでも手に入る太陽光を利用する。その熱の確保に必要なのが，ガーデニングなどで使う小型のビニール温室と，黒色のシートである。

次に必要なのは，巣箱内温度を把握するための，スマートフォンと通信できる温湿度計，温度むらを緩和するためのUSB給電式の空冷ファン，そしてモバイルバッテリーである。

ⅱ 温熱療法の実施手順

・実施時期

温熱療法は通常，春や秋の晴れの日に行う。

加熱にかかる時間は地域や気象などの諸条件によって異なるが，日が当たるようになってから治療を開始すれば，昼頃には治療に必要な温度に達し，日が傾き始めるまでに治療は終わる。

・巣枠の並べ替え

蜂児を成蜂ごと治療する場合，養蜂箱は2段あるいは3段にし，最上段の継箱の日の当たらない側に蜂児巣枠を並べる。上下の段の間に隔王板は挟まない。治療中は，女王バチを含む多くの成蜂が下の段に退避するからである。その代わりに，A4の紙2枚をハチが通れる隙間を残して下の段の巣枠の上に敷く。これは，温度むらを緩和するためである。巣門は狭めるが，出入りができる広さを残しておく。ハチを閉じ込めることはしない。

なお，本項で述べる温熱療法では成蜂ごと治療するが，ハチを払い落として蜂児枠だけを加熱し，治療することも可能である。そうすれば，ハチの扇風活動によるハチミツの消費を抑え，加熱に要する時間を省略することができる。その場合は，営巣中の巣箱とは別に温熱療法用の巣箱を用意し，事前に温めておく必要がある。

・空冷ファンと温度計の設置

空冷ファンは，最上段の巣枠の上に置く。2機のファンは，空気を循環させ温度むらを緩和するために，一方を上向きに一方を下向きにして置く。上に溜まった熱い空気を蜂児に当て続けると死ぬ可能性が高まるので，下向きのファンは蜂児枠以外の巣枠の上に置く。そうすることで巣板が仕切りとなり，熱風が蜂児に直接当たることはなくなる。それぞれのファンは，「温度計巣枠」を挟むようにして並べる。また，ハチを巻き込まないよう，網状のもので包むようにする。

一般的にリチウムイオンバッテリーの保管上限温度は45℃であるため，安全のためにも，空冷ファンは，巣門を通した延長ケーブルで，養蜂箱の外のバッテリーとつなぐのが望ましい。

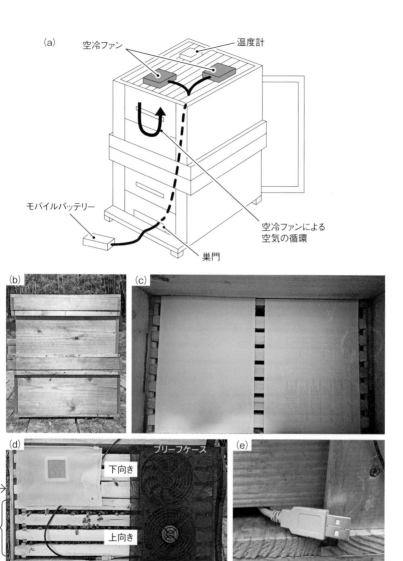

図5−7 筆者考案のパッシブソーラー式温熱療法システム

（a）モバイルバッテリーと空冷ファンの接続の模式図。巣枠の上の温度計で，空冷ファンを作動させるタイミングや送られる熱風の温度を把握する。（b）温熱療法は2段以上で行う。蜂児巣枠を最上段の日が当たらない側に置く。隔王板は挟まない。（c）温度むらを緩和するためにA4の紙を2枚敷く。ハチが通れる隙間を残す。（d）空冷ファンの設置例。2機のファンは1つを上向きに，もう1つを下向きに置く。熱風が蜂児に当たらないようにする。メッシュ状のブリーフケースはハチをファンに巻き込まないためのもの。（e）巣門から伸ばしたUSB延長ケーブル。巣枠上の温度が40℃になったらモバイルバッテリーと接続する。また，巣門は狭める。

（f）巣枠に取り付けた温度計。蜂児圏の下部の温度計は温熱療法開始時刻を知るために，上部の温度計は蜂児圏が43℃を超えないようにモニターするために必要。（g）高さを調整した蓋。他の蓋を分解して継ぎ足し，ガムテープで固定している。（h）黒色のシートを被せ，さらにビニール温室を被せたところ。巣門は開けておきハチが出入りできるようにしておく。外勤から帰ってきたハチが，巣門がわからずに温室上部で迷っていることもあるので必ず出してやる。（i）ビニール温室内で熱死したハチ。こんな簡易な構造でも50℃を超えるため，放っておくとすぐに熱で死んでしまう。（j）ドンゴロス（麻袋）を隙間に詰めたところ。ハチが迷い込むのを防ぐ。迷い込みを上手く防げない場合は，ビニール温室の骨組みを外してビニールカバーを直接巣箱にかける。

　スマートフォンと通信できる温度計は3個必要である。ひとつは蜂児圏の巣枠の上に置く。残るふたつは巣枠を加工して，それぞれ蜂児圏の下部（巣枠の中心より下）の高さと，蜂児圏の上部の高さになるようにして「温度計巣枠」に組み込む。

　設置が完了したら蓋を被せる。蓋は養蜂箱の種類によって高さがまちまちで，ものによっては閉まらないこともある。その場合は，別の蓋の側面を上下につなぐなどの加工が必要である。

・治療の実施

　養蜂箱を黒いシートで全体を覆う。可能なら巣箱の側面を南に向け，日が当たる面積を大きくする。さらにビニール温室を被せる。帰巣したハチがビニール温室の上部に溜まって出られなくなることがあるが，そのまま放置していると熱で死んでしまうため，定期的に外に逃してやる。このような迷い込みは，ビニール温室と巣箱の隙間を布やドンゴロス（麻袋）などで塞ぐことによって減らすことができる。あるいは，温室の骨組みは使わずに，ビニールカバーをそのまま巣箱に被せてもよい。

　定期的に温度を確認し，巣枠上の温度が40℃を超えたらモバイルバッテリーをつないで空冷ファンを作動させる。

　蜂児圏下部が目標の温度（41℃ないし42℃）に達した時を治療開始時刻とする。未成熟ダニを殺すだけで十分なら41℃で2時間，成ダニも殺したいなら42℃で3時間治療を続ける。成蜂が死ぬことは通常ないが，蜂児へのダメージを最小限に抑えるため，なるべく蜂児圏は43℃を，巣枠上は44℃を超えることがないように努める。

　温度調節は，ビニール温室を開いたり，黒色のカバーを外したりして行う（**図5－8**）。場合によっては蓋を開けて排気する必要もある。Raspberry Piなどの小型コンピューターを使い，別の空冷ファンを制御し，温度調節を行うこともできる。

iii 温熱療法の実施頻度

　本項の方法の温熱療法のターゲットは蜂児巣房内のダニである。外部寄生中のダニは，熱や激しい扇風活動によって落下することもあるが，多くは残る。それら残存ダニを一掃するために，2回目の治療が必要である。

　2回目の治療は，働きバチの蛹が入れ替わるのに12日かかるため，1回目の治療から11日前後に行う。この2回目の治療は，温熱療法だけをダニ防除方法とする場合には必要だが，他の防除方法を併用している場合はそれで済ますこともできる。

iv 温熱療法で巣板が溶けたり歪んだりすることはない

　蜜蝋が機械的強度を失うのは50℃を超えてからである。蜜蝋が融解する温度は60～62℃である。一般的に温熱療法によって巣板が変形することは，有巣礎・無巣礎ともにない。蜜枠についても同様である（**図5－9**）。

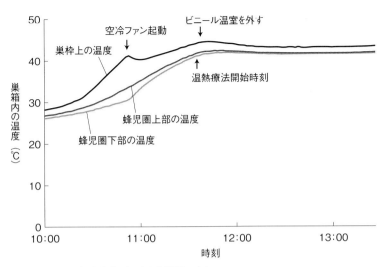

図5−8　温熱療法実施時の温度推移の例
2021年6月9日快晴，播磨平野にて温熱療法を実施した。巣枠上の温度が40℃を超えてから空冷ファンを作動させた。巣枠上の温度が44℃を超えたところでビニール温室を外した。蜂児へのダメージを最小限に抑えるため蜂児圏は43℃を，巣枠上は44℃を超えないように努める。状況に応じて，黒色のシートを外したり，蓋を開け排気する必要もある。

Ⅴ 副作用

　蜂児圏は，通常なら約34℃で一定に保たれている。蜂児期にこの温度帯から外れてしまうと，変態や成蜂になった時の行動（ダンス，学習，分業など），寿命に悪影響が生じる。特に，変態する蛹期は，神経系が幼虫のものから成蜂のものへ作り変えられる極め

図5−9　温熱療法を施したコロニーの蜜板
43〜44℃を3時間保ったが，無巣礎の蜜枠に異常は見られなかった。右上の穴は元からあるビースペース。

て重要な時期である。幼虫の時に何回も温熱療法を行うと寿命が縮むことが報告されている（アフリカナイズドミツバチの場合）。また，卵の時や蛹になる前後の特定の時期に温熱療法を受けた場合（43.7℃を2時間）は，スクロース応答性[13]が下がる。もっとも，ショ糖に対する反応が鈍ることで外勤に出る齢が上がり内勤期間が伸び，その分寿命が延長する（Kablau *et al*., 2020）。

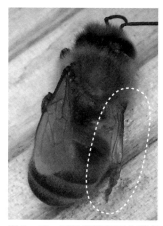

図5−10　温熱療法起因の発育不良

終齢幼虫ないし前蛹時に受けた熱ストレスによって正常に変態できなかった働きバチ。翅の縮れなどがヘギイタダニ起因の場合と似ているが，死骸の処分が3日程度で終息するか否かで識別できる。また，温熱療法起因の場合，翅の縮れがしばしば左右非対称になる。

41〜42℃を2〜3時間までなら蜂児に悪影響が及ぶことはほとんどないが，実験室とは異なり野外では正確な温度管理は難しく，往々にして高温にさらされる。安全な温度を超えれば超えるほど，死んだり変態が不完全になったりする個体が増える。その場合，治療から11日ほどした頃に，縮れ翅や腹部萎縮など，チヂレバネ症に似た発育不良の個体が巣門付近に捨てられることになる（図5−10）。しかしながら，それら異常な個体の発生はヘギイタダニ起因ではないため，3日程度で収まる。この場合，防除目的はむしろ達成されているが，もし気になるようなら「腹側撮影法」などで寄生率を調べるとよい。

e. 巣箱を直射日光にさらしたほうがダニが少ない

経験的に直射日光が当たりやすいところの巣のほうが，日陰に置かれた巣よりも，ヘギイタダニが少ないことが知られている。2002年5月から10月にかけてアメリカ合衆国ルイジアナ州カレンクロの近くで行われた実験では，イタリアミツバチの場合，10月の封蓋蜂児へのヘギイタダニ寄生率は，日陰の養蜂場のコロニーでは約20％だったところ，直射日光にさらされた養蜂場のコロニーでは約10％だった（Rinderer *et al.*, 2004）。

また，ルイジアナ州バトンルージュでは，暗色の巣箱のコロニー12群と白色の巣箱のコロニー12群を用意し，春にアカリンダニを寄生させ，日当たりのよい場所に置き，真夏に寄生状況を調べるフィールドテストが行われた。その結果，白色の巣箱では10群にアカリンダニが見つかったのに対し，暗色の巣箱でアカリンダニが見つかったのは1群だけだった（Harbo, 1993）。

環境や条件によって異なるが，直射日光にさらすと養蜂箱の内部温度は外気温よりも数℃ほど高くなる。巣箱の色が濃ければさらに温度は上がる。真夏の猛暑日には，ハチは巣内温度を下げようと努力しているが，巣内温度が40℃を上回ることは

珍しくない。その時にヘギイタダニやアカリンダニの一部は熱死していると考えられる。

　また，真夏に直射日光が当たる巣のコロニーでは産卵が停止し，無蜂児状態が続くことがある。ヘギイタダニはミツバチの蜂児巣房でしか繁殖できないため，一時的に無蜂児状態になるとヘギイタダニの繁殖はその期間中断され，増加はストップする。

　これまで，日本の養蜂書のほとんどが，養蜂箱は夏季には直射日光が当たらない日陰に置くか，日除けをするように指導してきた。これは，高くなりすぎた巣箱内温度を下げるためにハチたちが巣に水を運ぶ作業や巣門付近での扇風活動に従事せざるをえなくなり，本来の業務が滞ってしまうこと，さらには，産卵が一時停止して勢力が弱まったりすることを懸念したためと思われる。しかし，巣箱を直射日光にさらすことに一定のダニ防除効果が認められる以上，この古い常識は改められなければならない。

4. おわりに

　化学的防除が限界に達している現在，次なる方法として物理的防除に期待が寄せられている。物理的防除として，雄バチ巣房トラップ法と温熱療法は強力で，アピスタンやアピバールと同等かそれ以上の効果を得ることができる。それらの効果が非常に高いのは，ターゲットが未成熟のダニで，繁殖を阻止することができ，根治療法的であるからである。

　化学的防除は，主に繁殖を終えたダニがターゲットで，対症療法的な効果しか得られない。これでは永遠に防除を続けなければならず，薬品のメーカーや販売代理店に貢ぎ続けることになる。それに対して，物理的防除はランニングコストがほぼゼロで，せいぜいわずかなイニシャルコストがかかるだけである。食品への残留問題もない。化学的防除では，採蜜期間中に薬を入れることができない都合上，夏が近づくにつれ頻繁にダニを目にすることになり，採蜜が終わった頃には大繁殖したダニと対峙しなければならなくなる。対して，物理的防除は，採蜜期間中に何度も行うことができるので，最も重要な繁殖時期にダニを抑え込むことができる。その

---

(13) ショ糖（砂糖）濃度に対する味覚反応のこと。

場合，ハチは健康で採蜜量も最大であることは言うまでもない。

　実際のところ，雄バチ巣房トラップ法と温熱療法の合わせ技で，ケミカルフリー養蜂は実現可能である。ダニの薬剤抵抗性の発達を嘆いてギ酸などに手を出し，ハチや消費者を裏切るよりも，よほど賢明な方策である。物理的防除は化学的防除よりも手間はかかるが，雄バチ巣房トラップ法を行う時は専用の巣礎枠の使用を主とし，寄生率を調査しながら副次的に温熱療法を行うなら，実際的なレベルまで省力化することができる。

　だが，物理的防除も完璧というわけではない。脚注9で述べたとおり，雄バチ巣房トラップ法を繰り返すことによって，ダニの雄バチ巣房への選好性が下がる懸念がある。雄バチ巣房を選ばなかった子孫が残るのだから形質に変化が生じる可能性はある。そうなった暁には，雄バチ巣房トラップ法は養蜂書から取り除かれることになるだろう。また，雄バチがいなくなれば養蜂は持続不可能になるし，そこまで極端なことにならなくても，遺伝的に最高の状態を保つことは難しくなるだろう。温熱療法についても同様で，ダニの熱感受性が低くなる（高温に耐えることができるようになる）可能性は否定できない。

　これらの懸念が現実のものになるのはまだ先の未来と思われるが，養蜂家は，自分自身の行っていることの意味を理解した上で，ひとつの防除方法に頼ることなく，化学的防除も含めて適宜使い分けていく必要がある。

　巣礎を用いずにハチに任意に巣造りさせると「ハチが若干小型化しヘギイタダニ抵抗性が上がった」とする主張がある。もしそれが本当なら，巣礎の使用は今すぐ中止すべきであるが，果たしてその主張にどれだけ信憑性はあるのだろうか。

　自然巣の働きバチ巣房の大きさは，イタリアミツバチの場合は平均5.16mm，カルニオラミツバチは5.27mm，アフリカナイズドミツバチは4.84mm（Piccirillo and De Jong, 2003）である。対して，現在市販されている巣礎の多くは，約5.5mmの巣房が造られるように印圧されており，自然巣の働きバチ巣房よりもひと回り大きい。なぜそのような自然に存在しない巣房サイズにしているのかというと，成蜂のサイズは巣房の大きさに制約されるため，巣房というリミッターを解除し，通常よりもひと回り大きい働きバチを育てるためである。身体が大きければ，蜜嚢（蜜胃）も大きく，飛行距離も長く，その分，採蜜量も増えると期待されるからである。

　しかし，無巣礎養蜂を勧める人々は，このような自然に反する大きさの巣房は，働きバチの蛹期を長くするなどヘギイタダニの繁殖を助け，また，巣礎自体の厚みも衛生行動の妨げになっていると考えているようである。

　これについては，4.93mmまたは4.9mmの大きさの巣房のほうが，5.3mmまたは5.5mmの巣房よりもヘギイタダニの増加を抑制できたとする研究がある（ノルウェー：Oddie *et al*., 2019; Singer *et al*., 2019）。一方で，小さい巣房がヘギイタダニの増加を抑制する証拠はないとする研究も同じようにあり（Coffey *et al*., 2010; フロリダ州：Ellis *et al*., 2009），ヘギイタダニ増加抑制に関する「巣房サイズ論争」はまだ決着がついていない。

　ヘギイタダニの増加抑制は，巣房の大きさを含む多くの絡み合う要素が総合した結果である。そのため，巣房の大きさを変えることだけを以て，劇的に改善することはないだろう。今のところ，巣礎とは無縁の野生のコロニーもヘギイタダニに滅ぼされており，無批判に無巣礎養蜂がヘギイタダニ問題の解決策だと考えることはできない。

　しかし，ハチに造らせた巣こそハチにとってベストであるという主張に反論することは難しい。特に，巣礎が人工的に働きバチを大型化させている点は，ハチに悪い影響を与えている疑義が拭えない。無巣礎養蜂の実践がヘギイタダニ問題の解決策とまでは言えなくても，マイナスの要因を減らすことにはなっているはずなので，試す価値は十分にある。

　無巣礎の巣板を造るのは非常に簡単

図V−2　無巣礎養蜂で使う巣枠
（a）巣枠の上桟の溝に蜜蝋を埋め込む。トップバー方式とは異なり，遠心分離機で採蜜ができるようにするためワイヤーを張っておく。（b）造巣の様子。（c）無巣礎で作った自然巣板。働きバチ巣房の大きさは4.8mmだった。（d）自然巣板の雄バチ巣房の大きさは6.0mmだった。

で，巣枠の巣礎を差し込む上桟の溝に蜜蝋を埋め込むだけである（図V−2a）。それを巣箱に入れておけば，後はハチたちが任意にその蜜蝋を頼りに巣板を下に伸ばしてくれる（図V−2b）。造られた巣房の大きさを測ったところ働きバチの巣房は4.8mm（図V−2c），雄バチの巣房は6.0mmだった（図V−2d）。

この方法は，造巣に巣礎を用いるよりも時間がかかる。また，巣板の強度が低いため遠心分離機で採蜜する時には力を加減する必要があるなどの欠点はあるが，取り立てて問題になるわけではない。現代の養蜂技術はすべて，ヘギイタダニとの闘いにおいて再点検を迫られているので，可能なら試してみてほしい。

補論1 ヘギイタダニは熱帯地域では 弱毒化する

1. はじめに

　養蜂の世界では，ヘギイタダニが話題に上らないことはないほどであるが，それは欧米や日本などの温帯地域でのことで，熱帯地域では，温帯地域と比べてヘギイタダニに寄生されてもそれほど重症化しない傾向がある。その因果関係は必ずしも明確ではないが，高温高湿度下であることと，ヘギイタダニの寄生やそれが媒介するチヂレバネウイルスの影響が深刻化しないことには，相関関係があるようである。

　気候とダニ害の関係は，防除とは一見関係がないように思えるかもしれないが，日本にも沖縄や小笠原など熱帯地域はあり，特に沖縄は，近年，養蜂のメッカとして成長し，花粉交配用ミツバチなどを全国に供給するようになっている。そのため，このテーマは，熱帯地域の養蜂家はもちろんのこと，そうでない養蜂家にとっても無関係ではない。

2. 熱帯気候とダニの寄生率の関係

　最初に，熱帯気候とダニの寄生率の関係について，主に南米での事例を中心に検討する。

　まずは，南米・パラグアイでの事例から。パラグアイは熱帯性気候で，1971年以来日本から持ち込まれたヘギイタダニがいるが，1984年になっても蜂群死は報告されなかった。化学的治療も，調査を除いて行われることはなく，ヘギイタダニの寄生率は，成蜂100匹あたり約2匹ないし12匹に留まっていたという（De Jong *et al.*, 1984）。

　次は，ブラジルでの事例について。ブラジルは，ヘギイタダニの寄生が比較的穏やかである。Morettoら（1991）は，気候が異なる3つの地域で，気候とコロニー（アフリカナイズドミツバチ）の寄生率との関係を調べた。ひとつめのサンパウロ州リベイロン・プレトは湿度の高い熱帯性気候で，平均気温は21℃，夏の最も暑い月の平均気温は23℃以上と暑く，降水量も250mm以上になる。冬は乾燥し穏やかで，最も寒い月の平均最低気温は18℃，降水量は30mm以下である。次のサンタカタリーナ州リオドスルは，乾季以外は中温で湿度の高い気候で，平均気温は18℃，最も暑

表補1－1　ブラジルの各気候におけるアフリカナイズドミツバチに対するヘギイタダニの寄生
　　　　　状況

場所	気候区分	ハチ100匹あたりの ヘギイタダニの数
サンパウロ州リベイロン・プレト	熱帯モンスーン気候（Aw） 年間平均気温21℃	3.5匹
サンタカタリーナ州リオドスル	温暖湿潤気候（Cfa） 年間平均気温18℃	5.11匹
サンタカタリーナ州サンジョアキン	西岸海洋性気候（Cfb） 年間平均気温13℃，山岳地帯	11.37匹

（出典）Moretto *et al.*（1991）より筆者作成

い月の平均気温は22℃以上で，南ブラジルの典型的な気候である。最後のサンタカ
タリーナ州サンジョアキンは乾季のない中温の気候で，平均気温は13℃，最も暑い
月でも22℃に届かない典型的な山岳地域の気候である。

　これら3地域におけるヘギイタダニの寄生率は，リベイロン・プレトではハチ
100匹あたり3.5匹，リオドスルでは5.11匹であったのに対し，サンジョアキンでは
11.37匹だった（**表補1－1**）。この調査は，ヘギイタダニは，熱帯地域において寄生
率が低い事実を示している。

3. 気候によるチヂレバネウイルスの感染状況の差異

　チヂレバネウイルスの活性が，気候の影響を受けることを示唆する報告もある。
　Anguiano-Baezら（2016）は，2013年5月，メキシコの熱帯地域と温帯地域の
ミツバチのチヂレバネウイルス感染状況を調べた。熱帯地域のサンプルは，海抜
800m，年間降水量1,200mm，年間平均気温23℃のナヤリト州から，温帯のサンプル
は，海抜2,400m，年間降水量700mm，年間平均気温15℃の連邦区（2016年1月か
らメキシコシティ）から集められた。その結果は，温帯での感染率は，熱帯よりも
かなり高かった（**表補1－2**）。

　ここで注目すべきは，ヘギイタダニの寄生率が，温帯でも熱帯でも同程度であっ
たことである[1]。ヘギイタダニの寄生率に差がないにもかかわらず，ウイルスの感
染率に差があるということは，気候の影響を受けていたのはウイルスだった可能性
がある。

　以上の研究のとおり，温帯と比較すると熱帯のほうがヘギイタダニの寄生やチヂ

表補1−2　メキシコにおける気候とチヂレバネウイルスの感染率の関係

サンプルのタイプ	温帯（連邦区）での感染率	熱帯（ナヤリト州）での感染率
成蜂	87.2%	65.8%
ヘギイタダニに寄生されている蜂児	69.2%	34.1%
ヘギイタダニに寄生されていない蜂児	51.3%	21.9%

コロニーの成蜂と蜂児について，温帯環境と熱帯環境でのチヂレバネウイルスの感染率を示している。旧連邦区を含むメキシコシティは，標高をみれば高山気候に分類することも可能であるが，実質的に温帯である。
（出典）Anguiano-Baez *et al.*（2016）より一部引用

レバネウイルスの感染は穏やかである。なぜ温帯のほうが深刻化するのかについてAnguiano-Baezらは，低温ストレスが免疫機能を弱めているからだと推測している。

　なお，気候とウイルスの活性化の因果関係までは明らかになっていない。また，Anguiano-Baezらによるヘギイタダニ寄生率は，前節で取り上げたMorettoら（1991）と整合しない点にも注意が必要である。

4. 日本の熱帯で野生化するセイヨウミツバチ

　日本では，ニホンミツバチと異なり，セイヨウミツバチは一般的に野生化できない。セイヨウミツバチはオオスズメバチに首尾よく対処することができず，どこかに営巣している逃去群も，秋になればオオスズメバチの襲撃に遭い，滅ぼされるからである。

　しかし，日本にも例外はある。トカラ列島以南にはオオスズメバチは棲息していないことから，野生のセイヨウミツバチが代を重ねて存続できている。そのような地域として，歴史的事情から日本で最初のセイヨウミツバチ繁殖地となった小笠原諸島や，日本最西端に位置し，国立公園などとして厚い保護を受けている西表島，現在，花粉交配用ミツバチの主要な生産地のひとつである沖縄本島などがある。

　それらの地域には，天敵のオオスズメバチはいないものの，ヘギイタダニはおり，そこに棲息する野生のセイヨウミツバチはヘギイタダニに寄生されている。それにもかかわらず，コロニーは存続している。もちろん，それらに殺ダニ剤が投与されているわけではない。日本の南では，本土の養蜂家には信じられないようなこ

（1）成蜂への寄生率は，温帯では6.5±0.6%，熱帯では8.3±0.6%，蜂児への寄生率は，温帯では13.9±1.4%，熱帯では13.8±0.9%だった。

補論1

とが起きているわけであるが，それは一体なぜなのだろうか。

　理由としては，本章で検討してきたように，熱ストレスによってヘギイタダニが抑制されている可能性がある。あるいは，第7章で検討するサバイバルテストのようなメカニズムが働いた可能性もある。原因について確たることを述べることはできないが，沖縄のような熱帯地域は，化学的防除に頼らずに済む環境に恵まれているのは確かである。そのような地域の養蜂家は，地の利を活かしてケミカルフリーな養蜂に挑戦してみるのはどうだろうか。

第6章

ダニに対する抵抗性

1. はじめに

　化学的防除と比べて，物理的防除は，安全性は高いが手間がかかる。それはやむをえないとしても，人間がミツバチの生活に介入し，自然では起こりえないことが起きてしまうという点で，物理的防除にも不自然さは残る。より自然で無理のない方法はないものだろうか。本章では，ダニの問題はミツバチ自らに解決させるという観点に立ち，ミツバチのコロニーが持っているヘギイタダニ抵抗性とその仕組み，ミツバチの品種の特徴を中心に検討する[(1)]。その上で，抵抗性を持つ品種や系統を海外から導入することの是非についても，論点をまとめておく。

2. グルーミング

　サルが互いのノミを取り合うように，ミツバチも自分自身や仲間の体に付いた異物を取り合うことがある。そのような行動をグルーミングと呼び，自ら単独で行うグルーミングを「自己グルーミング（セルフグルーミング）」，仲間同士で行うグルーミングを「相互グルーミング（アログルーミング）」と呼ぶ。特にセルフグルーミングは，踊っているようにも見えることから，「ダンシング」と呼ばれることもある[(2)]。

（1）化学的防除と物理的防除に続く方法としては，本来なら「生物的防除」がくるはずであるが，ヘギイタダニやアカリンダニに天敵は存在せず，生物防除にあたる技術もないため，ミツバチ自身の抵抗性を検討することで生物的防除に代えたい。
（2）グルーミングに類似する行動に，嚙み切り行動がある。ミツバチはダニの脚や口器にあたる付属肢または体などを大顎（大腮）で嚙み切ったりしている。本書では，嚙み切り行動をグルーミング行動に含めている。

元々，トウヨウミツバチはヘギイタダニの寄主であるが，すでにその問題は克服
しており，通常，ヘギイタダニによってトウヨウミツバチが滅ぼされることはない。
その理由を探る中で，トウヨウミツバチがセイヨウミツバチよりも頻繁にグルーミン
グを行っていることがわかり，それこそがトウヨウミツバチのヘギイタダニに対する
強さの理由のひとつとして見当づけられるようになった。

　果たして，このグルーミングはヘギイタダニに対してどれほど有効なのだろうか。
Friesら（1996）の観察によると，落下したダニのうちハチによる損傷を受けたこと
が視認されたものの割合は，セイヨウミツバチのコロニーでは12.5%だったのに対
し，トウヨウミツバチのコロニーでは30%を占めていた。これによれば，トウヨウ
ミツバチはセイヨウミツバチよりも約3倍グルーミングを行っていると言えそうであ
る。

　ただし，このトウヨウミツバチとセイヨウミツバチのグルーミングの効果の程度
は，報告によってまちまちである。Pengら（1987）によると，トウヨウミツバチの
場合は，99%以上のヘギイタダニの除去に成功しており，そのうち73.8%は視認可
能な損傷を受けていたが，セイヨウミツバチでは0.3%のヘギイタダニしか除去で
きておらず，ダメージを受けたものはなかったと報告している。また，Büchlerら
（1992）によると，トウヨウミツバチのグルーミングによるヘギイタダニ除去率は
75%で，セイヨウミツバチでは48%だったという。

　ここで，改めてFriesら（1996）の観察結果を詳しく見ておこう。ひとつ目のトウ
ヨウミツバチのコロニーでは，導入した20匹のヘギイタダニのうち6匹が回収され
た。そのうちの5匹は底面に落ちていたものの，目に見える損傷はなかった。残りの
1匹はハチについていた。ふたつ目のトウヨウミツバチのコロニーでは，導入した40
匹のヘギイタダニのうち11匹が巣箱の底面から回収され，そのうち2匹がハチによ
るものと思われる損傷を受けていた。

　トウヨウミツバチのコロニーでは，ほとんどのハチ（60匹中55匹）が，ヘギイタ
ダニを体表に置いた直後からセルフグルーミングを開始した。残りのハチはすべて
グルーミングを行うか，ヘギイタダニの存在に動揺しているかのように見えた。数
分後には一部のハチは相互グルーミングを開始した。グルーミングによってハチの
体から離れたヘギイタダニは，落下したり，他のハチに乗り換えたりした。

　一方，セイヨウミツバチのコロニーの場合，合計30匹のヘギイタダニを入れた
が，巣箱の底から回収されたのは6匹だけで，そのうちのどれも目に見える損傷は

受けていなかった。ダニをハチの体に乗せても30匹中17匹は直接的な反応を示さなかった。30匹中13匹はセルフグルーミングを行っているか動揺しているかのように解釈される行動を示したが，トウヨウミツバチほど強いダンシングは見られず，明確に相互グルーミングと言える行動は観察されなかった。

　以上の報告から，セイヨウミツバチはトウヨウミツバチほどにグルーミングを行わず，落とすダニの数も少ない傾向があることがうかがえる。ただし，グルーミングの効果については，研究によって幅があり定まらない。それは温度や湿度などの環境やコロニーの傾向など，様々な要因に左右される。そのため，「防除率」のような定量的な評価は定まらない(3)。また，グルーミング行動によってヘギイタダニが一旦ハチの体表から取り除かれても別のハチに乗り換えることもあり，最終的に落下するダニはそれほど多くはないとの研究もある(4)。グルーミング行動のダニに対する効果については，不確かなところが多い。

a. 通常の3倍ヘギイタダニを落とす「糖液噴霧法」

　グルーミングの具体的な効果を示すことは難しいが，継続的なグルーミングがヘギイタダニにとってストレスとなっているのは確かであり，一定の防除効果は認められる。そこで，グルーミングを促進する方法が検討される。

　ここで提案されるのは，砂糖水をハチの体に吹き付けてベトベトにする「糖液噴霧法」である。砂糖と水を1：1の比率で混ぜて砂糖水を作り，それをスプレーなどで巣板についているハチに吹き付ける（1枚の巣板あたり4mℓ）。そうすることで，ハチたちは体を綺麗にしようと活発にグルーミングを行うようになり，ヘギイタダニの落下は促進される（Schneider and Ismail, 2019）。このような糖液の噴霧によって，自然の状態と比べて2.5倍から2.7倍ものヘギイタダニが落下したという報告もある（Pileckas et al., 2012）(5)。

---

(3) たとえば，セイヨウミツバチのグルーミング行動は，低湿度で25℃の時が最もよく行われる（Currie and Tahmasbi, 2008）。
(4) セイヨウミツバチの中で比較的よくグルーミングを行うアフリカナイズドミツバチとカルニオラミツバチでの実験では，グルーミングによって一旦離れたヘギイタダニの約80％が再び別のハチに乗り換えており，グルーミングによる除去と再便乗は5回ほど繰り返されていた。最終的には，アフリカナイズドミツバチの場合は115匹中21匹のヘギイタダニが，カルニオラミツバチの場合は111匹中10匹のヘギイタダニが落下するに留まったと報告されている（Aumeier, 2001）。
(5) もっとも冬季の場合は，砂糖水を吹き付けてもグルーミング頻度は増加しない（Abou-Shaara, 2017）。

先述のシュガーロール法（34，96ページ）には，ハチの寿命を縮める有害な影響があるが，この糖液噴霧法にそのような悪影響はなく，ハチにとって安全性は高い（Abou-Shaara *et al*., 2016）。

b. グルーミングと寄生水準の関係

グルーミングは，対症療法的なものであるとは言え，ヘギイタダニの影響を抑える効果があることは否定できない。ならば，ヘギイタダニ抵抗性を有するコロニーは，そうでないコロニーよりも頻繁にグルーミングを行っているという仮説が成りたつ。

コラム1　トウヨウミツバチとの混合飼育は有効か？

トウヨウミツバチをセイヨウミツバチの群れに混ぜるならトウヨウミツバチがセイヨウミツバチに対しても相互グルーミングを行ってくれるのではないだろうか。そういう期待を抱く人がいたとしても不思議ではない。

刘と曾（2009）は，同じ程度のヘギイタダニ寄生水準のセイヨウミツバチのコロニーを4群用意し，実験群の2群にはそれぞれトウヨウミツバチの蜂児巣枠を2枚入れ，対照群はそのままにして，30日後のヘギイタダニの寄生率がどのように変化したかを調査した。

その結果，実験群にトウヨウミツバチの蜂児巣枠を挿入する前のヘギイタダニの寄生率は，3.415±0.154％，3.446±0.19％だったのに対し，30日後にはそれぞれ3.152±0.122％，3.007±0.403％まで減少していたが，対照群では，その寄生率が3.213±0.356％，3.200±0.269％からそれぞれ3.499±0.205％，3.693±0.249％へと増加していたことがわかった。

以上の実験から，トウヨウミツバチとの混合飼育は，セイヨウミツバチのコロニーのヘギイタダニ抵抗性を若干改善させる効果があると言えなくもない。しかし，その差は明確なものではなく，このヘギイタダニ寄生率の低下はトウヨウミツバチのグルーミング行動によるものだと直ちに結論付けられるわけではない。この研究は，トウヨウミツバチの蜂児巣枠の挿入と寄生率の変化の関係を示してはいるが，肝心のそのプロセスまでは明らかにしていない。防除の成果が出ていると結論付けるには，あまりにも根拠が弱いと言わざるをえない。

しかし，Kruitwagenら（2017）が，ヘギイタダニ抵抗性を有するコロニー[6]とそうでないコロニー（対照群）を比較したところ，ヘギイタダニ抵抗性群のグルーミング行動は，野外においても実験室においても，対照群と同じ程度かそれよりも少ないことがわかった。これは，グルーミング行動が直ちにヘギイタダニ抵抗性と結びつくものでないことを示唆している。おそらくグルーミング行動は，ヘギイタダニの寄生レベルが高く，その効果が優先すべき仕事から得られる利益よりも上回る時に初めて行われる程度のものなのだろう。

　このように，ヘギイタダニに対するグルーミングの効果は限定的で，決定的なものではない。グルーミングの効果が否定されるわけではないが，ミツバチのヘギイタダニ抵抗性のメカニズムを理解するには，グルーミング以外の要素にも注目する必要がある。

3．バロア感受性衛生行動

　グルーミングはヘギイタダニ抵抗性の全体ではなく部分にすぎないが，「ヘギイタダニがもたらす病状をよく感知しコロニーの衛生状態を健全に保つ行動」は，ヘギイタダニ抵抗性の大きな部分である。ヘギイタダニに寄生されても滅ぼされずに生き残るコロニーは，この衛生行動が優れている。

　具体的に言えば，衛生行動の優れたハチは，蜂児巣房の中で病気になったり死んでしまったりした蛹や幼虫を引きずり出して巣外に捨てたりする能力が高い。ミツバチには医者はおらず，病院もない。コロニーの衛生状態を保つには，病気に侵された個体を排除するのが，最も簡単かつ効果的な方法である。こうした行動は「蜂児捨て」として表れ，ミツバチの一般的行動として記述されている。この行動によりヘギイタダニの繁殖の機会は奪われ，増加は抑えられ，より根治的なものに近づく。

　とはいえ，すべてのコロニーでこのような衛生行動がつつがなく行われているわけではない。それが十分行われないコロニーでは，グルーミングでは対処しきれず，ヘギイタダニが増加したり疫病がまん延したりして，コロニーの勢いは弱くなり，ハチの数も減り，遂には消滅する。

---

(6) スウェーデンのゴットランド島で自然選択を経たコロニーの子孫（母系）（第7章の「スウェーデン版ボンド・テスト」参照（148ページ））。

ヘギイタダニに寄生された蜂児は，成長が遅れたり死んだりすることがある。そうした個体を確実に見つけ出して速やかに捨てるコロニーは，ヘギイタダニだけでなく，多くの疫病にも強い。

　こうした衛生行動は，巣内清掃や異物排除などのスタンダードな衛生行動と区別して，特に「バロア感受性衛生行動（Varroa-Sensitive-Hygiene Behavior)」（VSH行動）と呼ばれ，この衛生行動を顕著に行うハチは「VSHバチ」と呼ばれる。

a. バロア感受性衛生行動のメカニズム

　ヘギイタダニに寄生された蜂児は，成虫になる前に死んだり，発達が遅れ機能不全の成虫になったりしやすい。そのような発達遅滞は通常の変態が遅れているか停止していることの表れである。ミツバチは，そのような異常を，蜂児が発するフェロモンを手がかりに検知している。

　順調に発達している蜂児（前蛹，蛹）の蓋掛けされた蜂児巣房からは，少量の蜂児エステルフェロモンが発散されるが，そうでない蜂児巣房からは，標準から外れた量や構成の蜂児エステルフェロモンが発散される。それを検知した衛生バチは，その蓋掛けされた蜂児巣房の蜂児を「異常」と判断し蓋を外して引きずり出してしまう（Mondet et al., 2016）。この時には蜂児巣房内で繁殖していたヘギイタダニも引きずり出されるため，巣内の衛生状態は二重に保たれることになる。さらに，引きずり出され繁殖を中断させられた成ダニのほとんど（約95%）が再繁殖しないため（Kirrane et al., 2011），巣内の衛生状態は三重に保たれることになる。

　このバロア感受性衛生行動は，フェロモンがトリガーになっていることから，その行動はハチの嗅覚に負うところが大きい。そして，この感覚の鋭敏さは主に遺伝的に決定づけられている（Masterman et al., 2001）。

b. バロア感受性衛生群の選抜と育種

　バロア感受性衛生行動は，主に遺伝に左右され，加齢や経験，学習によってヘギイタダニ抵抗性が改善するということはない（Masterman et al., 2001）。そのため，そのような能力の高い系統を選抜し育種することが，ミツバチのヘギイタダニ抵抗性を高めることにつながる。そうするための方法として，Pérez-Satoら（2009）は，4つの段階を踏む選抜育種方法を提案している。

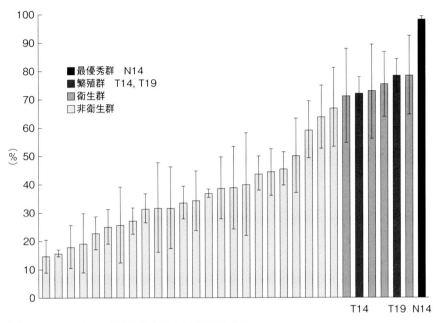

図6－1－1　バロア感受性衛生群の選抜実験（1）
第1段階のテストで除去された蜂児の平均割合を示している。
衛生群のうちT14とT19が繁殖に使われた。
（出典）Pérez-Sato *et al.*（2009）より引用（一部改変）

《第1段階》　働きバチの衛生行動能力を確かめる

（概要）

　蜂児巣枠（卵や幼虫，蛹の巣枠）を巣から取り出し，液体窒素をかけて蜂児を殺す。その蜂児巣枠を凍死した蜂児が入ったままの状態で巣に戻し，48時間後，その巣枠を取り出して除去された蜂児の数をカウントする。死んだ蜂児を見つけ出して処分する能力を見るためである。凍死した蜂児の数と比較して，働きバチによって除去された蜂児の数が多いほど，そのコロニーの衛生行動能力は高いと推定される。

（結果）

　このテストは，2004年5月にイギリスのダービーシャーの養蜂場で行われた。31群がテストされた結果，20群（64.5％）は，凍死蜂児の48時間以内の除去率は50％以下に留まった。その中で最も低い除去率だったコロニーでは，凍死蜂児の15％しか除去されなかった。一方で，7群（22.6％）は，凍死蜂児の70％以上を除去した。

この高い除去率を記録したコロニーをPérez-Satoらは「衛生的」と分類した。その衛生群の中でもひとつのコロニー（N14）はとりわけ高い衛生行動能力を示し，98±1％もの凍死蜂児を除去した。育種実験には，72±6％の凍死蜂児を除去したT14と，78±5％の凍死蜂児を除去したT19のコロニーが選ばれた（図6−1−1）。

《第2段階》　衛生群の中からVSHバチとそうでないハチを特定し，サンプルを収集・冷凍保存する

（概要）

　衛生群から取り出した蜂児巣枠を，温度34℃，相対湿度50％のインキュベーターに入れ，2〜3時間以内に出房してきた働きバチの胸部の背側に番号タグを貼り付ける。次に，それらの働きバチが衛生行動を行う15日齢ないし17日齢になった時に，凍死蜂児が入った巣枠を入れ，すべてが除去されるまでその行動をビデオで撮影する。そして，「凍死蜂児の蜂児巣房の蓋を外したり（uncapping）」，「凍死蜂児を除去したり（removing）」，「その巣房に頭を入れたり入ったり（inspecting）」した「VSHバチ」と，「凍死蜂児の蜂児巣房の蓋を外すことも除去することも蜂児巣房に頭を入れたり入ったりすることもせずに，その蜂児巣房の周辺を歩くだけ（walking）」の働きバチを特定し，DNA検査のためのサンプルを収集・冷凍保存する。

（結果）

　この段階ではふたつの衛生群（T14，T19）がテスト対象とされたが，uncappingとinspectingを行ったハチはそれぞれ68％と55％，inspectingのみを行ったハチは5％と12％，walkingしか行わなかったハチは23％と30％だった。uncappingとremovingの両方をずっと行っていたハチは3％と2％だった。凍死蜂児がすべて除去されるまでの間，衛生行動を行ったハチのほとんど（57％，54％）は5回よりも少ない回数しか衛生行動を行わなかった。40回ないし75回と頻繁に衛生行動を行ったハチは非常に少なかった（3％，3％）。

《第3段階》　VSHバチと，衛生群から新たに産まれた女王バチ候補の遺伝型を同定する

（概要）

　衛生群（T14，T19）のうち，uncappingやinspecting，removingといった衛生行動を示した働きバチの触角からDNAを抽出・増幅し，遺伝型を同定する。

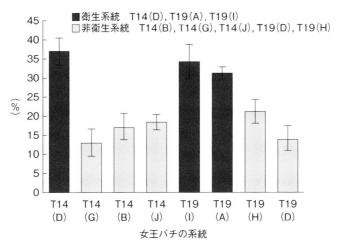

図6-1-2 バロア感受性衛生群の選抜実験（2）
衛生系統と非衛生系統の除去された凍死蜂児の割合を示している。
（出典）Pérez-Sato *et al.*（2009）より引用

次に、衛生群（T14、T19）から生まれた女王バチ候補の前翅を切除し、遺伝型を同定する。

（結果）

遺伝型を調べた結果、衛生群T14には、衛生行動を示した11つの父系が、T19には、9つの父系があることがわかった。そのうち、特に優れた衛生行動を示した系統は、T14では父系D、T19では父系AとIだということが特定された。

《第4段階》 半隔離されたところで半管理交配を実施する

（概要）

実験では、2004年7月にイーデル谷の養蜂場に120個の交配用巣箱が置かれ、他所の蜂群と交雑することなく交配が行われた。

（結果）

実験開始後、コロニーに受け入れられなかったり、事故などで帰還に失敗したり、越冬できなかったりしたため、残ったのは26群（王）であった。

父系がVSH系統の女王バチのコロニー（T14の父系D、T19の父系A・Iの系統）は、そうでない女王バチのコロニー（T14の父系B・G・J、T19の父系D・Hの系統）と比べて約2倍の数の凍死蜂児を除去しており（前者は34％の除去率、後者は17％

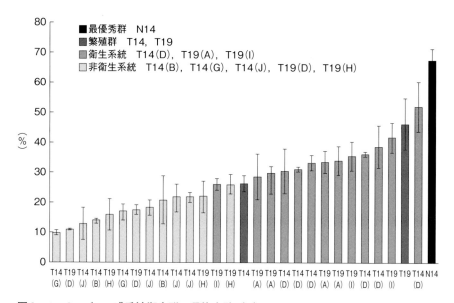

図6-1-3 バロア感受性衛生群の選抜実験（3）
第4段階を経た26コロニーの，除去された凍死蜂児の平均割合を示している。
（出典）Pérez-Sato *et al.* (2009) より引用（一部改変）

の除去率），除去率ランキングにおいても明確に上位に位置した（**図6-1-2**）。ただし，第1段階において高い衛生行動を示していたコロニーの翌年の成績は，最優秀群（N14）は98±1%から67%へ，繁殖群の2群（T14，T19）は，72±6%から26%，78±5%から46%へと下降した（**図6-1-3**）。

　以上，Pérez-Satoらの選抜育種実験から，衛生行動は遺伝する性質のものであり，選抜育種は，遺伝を考慮して行わなければならないことが示された。この手法は，現代の科学的見地から妥当で納得がいくものではある。

　しかしながら，現実の養蜂の現場でそれを実践できるかと問われれば，答えは「ノー」であり，せいぜい参考程度にしかならない。少なくともこれを行うことができる養蜂家はごく少数に限られる。現実の養蜂において，第1段階と第2段階の選抜は可能であるが，第3段階の遺伝型の調査は然るべき機関に委ねるしかない。実際には遺伝型の調査は諦めて，表現型から推測して優秀なコロニーを残すよう努めることになるだろう。要するに古典的な選抜育種である [7]。

また，第4段階の半隔離状態の土地での交配は不可能とまでは言えないが，そのような都合のよいところは日本では限られており，容易ではないだろう。というのも，配偶飛行の集合場所には，半径10km程度[8]にいる新女王バチと雄バチが飛んでくるからである（Jensen *et al.*, 2005）。そのような広大な範囲にほかに蜂群がないところは，孤島を除き存在しないと思われる。

　その上，国内の養蜂可能な範囲では，どこであろうとも育種に熱心ではない養蜂家の養蜂場からも雄バチが集まってくるだろう。そのような環境で自然に交配させていては，せっかく優れた遺伝子を有する系統を発見しても，次の代に確実に引き継がせることは難しく，「血」は薄まってしまう。ミツバチにおいて特定の系統を確実に保存するのは，容易なことではない[9]。

　もちろん，優れた衛生行動の形質は自然選択によって残っていくと思われるが，上述の事情から，その浸透には長い年月を要するものと考えられる。

4. ヘギイタダニに強いと目されている品種

　トウヨウミツバチがなまじグルーミングを行うため，それこそがヘギイタダニ対策の要だと思われている節がある。確かにグルーミングはヘギイタダニ抑制に対して一定の効果を発揮するが，そのような対症療法的な方法で十分ということはない。トウヨウミツバチのヘギイタダニ抵抗性は，様々な要素が総合した結果である。

　トウヨウミツバチのヘギイタダニ抵抗性は，遺伝的に固定した形質になっている。セイヨウミツバチのバロア感受性衛生行動も遺伝的なものであることはすでに述べたが，そのような傾向の強い亜種を連れてきて飼育すれば，時間と手間のかかる選抜育種の過程を省略できるのではないか。

　一言でセイヨウミツバチと言っても，それは様々な亜種の総称である。日本でなじみ深いセイヨウミツバチは，そのひとつの亜種であるイタリアミツバチ（*Apis*

（7）たとえば，内検時に蓋掛けされた雄バチ巣房に細い棒を刺すなどしてダメージを与え，その雄バチ巣房がどうなるのかを確認することでコロニーの衛生行動能力を評価し，VSH系統か否かを推測することになるだろう。

（8）配偶飛行距離は最大で15km，交配が行われる範囲は90％が7.5km以内，50％が2.5km以内だった。

（9）ミツバチの遺伝は複雑で，多精子受精により，母親の遺伝子を引き継がずに複数の父親の遺伝子を引き継いだ雌が生まれることもある（Aamidor *et al.*, 2018）。

mellifera ligustica）である。この亜種には，ほとんどヘギイタダニ抵抗性がない。対して，セイヨウミツバチの亜種や交雑種のうち，カルニオラミツバチとロシアミツバチ，アフリカナイズドミツバチは，イタリアミツバチよりもヘギイタダニ抵抗性が優れていると目されている。ここでは，それぞれの特性や抵抗性について諸研究をもとに吟味していく。

a. カルニオラミツバチ　（*Apis mellifera carnica*）

　ヘギイタダニ抵抗性を有するセイヨウミツバチとして，日本では「カルニオラミツバチ」というスロベニア・オーストリア土着の灰色のミツバチがもてはやされている[10]。しかし，そのヘギイタダニ抵抗性は誇張されており，実態は異なる。

・特徴

　カルニオラミツバチは，黒みがかった灰色のセイヨウミツバチである。

　このミツバチは，蜜源や花粉源が豊富な早春には活発に産卵し規模を急激に拡大させ，乏しい時期には産卵を抑制し，規模を縮小させる。環境の変化に柔軟に対応する能力が高く，流蜜期にはよく蜜を集め，秋には早くから産卵を停止し越冬態勢に入る。しかし，卵から採餌蜂になるまで約1か月半のタイムラグがあるため，流蜜期と増勢期がちぐはぐになるとハチは増えず蜜も集まらない。

　蜂群の規模は，イタリアミツバチほど大きくなることはない。また，造巣はあまりしたがらず，プロポリスはほとんど集めない。

　越冬能力は非常に高く，小群でも首尾よく生き延びる。また低温に強く，イタリアミツバチよりも低い温度で採餌行動を開始する。

　飛翔能力が高くトウヨウミツバチのように俊敏であるが，内検中に動揺した女王バチが飛び出すこともある。もっとも，帰巣能力は高く，誤帰巣はイタリアミツバチほどではないため，蜂舎で飼育することができる。

　性質は極めて穏やかで飼育しやすいが，分蜂や逃去を起こしやすい（Adam, 1983:170-175）。

・疑わしいヘギイタダニ抵抗性

　そもそも，カルニオラミツバチが持っているというヘギイタダニへの抵抗性はどの程度のものなのだろうか。de Guzmanら（1996）は，実験群としてユーゴスラビア（当時）のARS-Y-C-1というカルニオラミツバチ，カナダのヘイスティングスというカルニオラミツバチ，両者の交配種（F_1），対照群としてルイジアナ州で売られ

ていた黄色のセイヨウミツバチを使って，以下の2つの実験を行った。

（実験1）　80コロニー（各系統20コロニーずつ）は初めからヘギイタダニに寄生されていたため，化学的治療を行った上で1990年7月にヘギイタダニ約50匹を，11月には25匹を，ハチに寄生させた。1990年7月から1992年6月までフロリダで，これらの働きバチの蛹のヘギイタダニ寄生率のモニタリングが行われた。

（実験2）　40コロニー（各系統10コロニーずつ）にも同様の手順で約50匹のヘギイタダニが導入された。これらは1991年8月から1992年8月まで観察された。

その結果は，以下のとおりである。

（実験1）　どの系統も，実験を始めた最初の年は10％以下の寄生率だったが，F_1系統群を除いて翌年の6月から突如ヘギイタダニが増加を始め，8月から10月にかけてすべての系統で30％ないし50％程度の高い水準の寄生率が記録された。ルイジアナ州の黄色のミツバチはその年のうちに滅んでしまった（**図6−2−1**）。

　その翌年の1992年3月までにカルニオラ系の3系統のミツバチは，ARS-Y-C-1系統群が2群，ヘイスティングス系統群が1群，F_1系統群が3群生き残った。しかし4月以降，ヘイスティングス系統群とF_1系統群が非常に高い寄生率を記録し，結局6月には，ヘイスティングス系統群は全滅し，ARS-Y-C-1系統群は2群，F_1系統群は1群が生き残った。

（実験2）　観察初年度から速いペースで寄生率が上昇し，翌年の4月以降は，カルニオラ系統群のほうがルイジアナ州系統群よりも高い寄生率を記録した。6月においては，ヘイスティングス系統群とF_1系統群の寄生率はルイジアナ州系統群の倍以上高い寄生率を記録した。6月の時点で生き残っていたのは，ARS-Y-C-1系統群が3群，ヘイスティングス系統群が1群，F_1系統群が3群，ルイジアナ州系統群が2群だった（**図6−2−2**）。その後，ARS-Y-C-1系統群とヘイスティングス系統群は全滅し，8月には，F_1系統群とルイジアナ州系統群がそれぞれ1群ずつ残った。

以上の結果から，この実験を行った研究者らは，カルニオラミツバチのヘギイタ

(10)　そもそも "Carniola" は「カルニオラ」と音訳するのが普通であるが，日本の養蜂業界では，"Carniolan race" の中途半端な訳語である「カーニオラン種」とか「カーニオラン」などと呼ばれ，それらがそのまま定着してしまっている。本書では本来の呼び方を採用して，"Apis mellifera carnica" を「カルニオラミツバチ」とする。

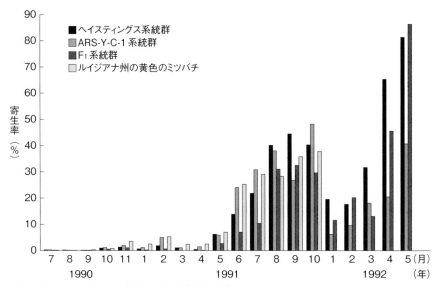

図6−2−1　カルニオラミツバチの抵抗性（1）
実験1におけるヘギイタダニの寄生率の推移を示している。
（出典）de Guzman *et al.*（1996）より引用

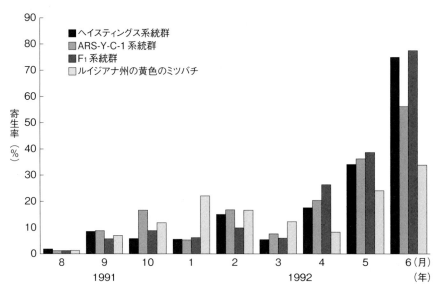

図6−2−2　カルニオラミツバチの抵抗性（2）
実験2におけるヘギイタダニの寄生率の推移を示している。
（出典）de Guzman *et al.*（1996）より引用

ダニ抵抗性は，イタリアミツバチよりも相対的に高いとしている。確かに，カルニ
オラ系統群の寄生率は，ルイジアナ州系統群よりも高いことが多かったにもかかわ
らず比較的高い寄生率にも耐えることができた。その一方で，非カルニオラ系統群
（ルイジアナ州のミツバチ）は，それよりも低い寄生率であったにもかかわらず滅ん
でしまっている。

　しかしながら，元々のカルニオラミツバチの90群は壊滅しており，実験1の60群
は2年で3群に，実験2の30群は1年で1群になってしまっている。果たして，この
結果をもとにカルニオラミツバチにヘギイタダニ抵抗性があったと結論してしまっ
てよいのだろうか。ヘギイタダニへの抵抗性の有無は，イタリアミツバチとの比較
で評価するのではなく，絶対的に評価しなければならない。抵抗性があると言える
ためには，少なくとも無治療で存続できることが求められる。

　詳細は後述するが，フランスでヘギイタダニを寄生させたカルニオラミツバチ9群
も，2年後には1群になってしまっている（144ページ）。この程度の生存率では，イ
タリアミツバチと比べてもほとんど差はない。これでは商業的な養蜂どころか，趣
味の養蜂すら成り立たない。実際のところ，カルニオラミツバチのヘギイタダニへ
の抵抗性は，かなり疑わしいとせざるをえない。

　近年，日本の養蜂家の間では，過剰な宣伝に煽られたのか，カルニオラミツバチ
の人気が高まって導入例が増加したが，ヘギイタダニ問題に首尾よく対処したとい
う話は聞かれない。中には，イタリアミツバチよりも効果があったと信じてやまない
人もいるようだが，それは「選択支持バイアス」[11]によるものだろう。

b. ロシアミツバチ （*Apis mellifera caucasia* × *Apis mellifera ligustica* × *Apis mellifera carnica*）

・特徴

　ロシアミツバチとは，19世紀後半以降にウクライナからの移住者によってロシ
アの日本海沿岸のプリモルスキー（沿海）地方に持ち込まれ帰化した，イタリアミ
ツバチとカルニオラミツバチが混ざったコーカサスミツバチの雑種である（Crane,
1978）。

　ヘギイタダニの寄生が確認された年は1949年とされているが，プリモルスキー

（11）購入後に，買ったものをよかったと合理化する心理。

地方はヘギイタダニの寄主であるトウヨウミツバチの棲息地であるため，導入後ほどなくヘギイタダニに寄生されたものと考えられる。ロシアミツバチは何十年もの間，ヘギイタダニと闘い，共生し，抵抗性を発達させてきたのである。

　特徴は，カルニオラミツバチとよく似ている。色は黄色みもあるが，全体的にイタリアミツバチよりも暗めである。ヘギイタダニだけでなくアカリンダニに対しても抵抗性が高く，越冬能力も高い。環境の変化に対し柔軟に対応することができる。しかし，一部の系統は年間を通じて王台を造っては壊すという，イタリアミツバチと比べると奇妙に思える行動を繰り返す（Rinderer and Coy, 2020 : 165）。

• 高いヘギイタダニ抵抗性

　Rindererら（2001）は，ロシアミツバチの実験群と，アメリカ合衆国のミツバチの対照群について，ヘギイタダニの数の増減やコロニーの抵抗性を調べる実験を行った。用意されたロシアミツバチの実験群は，遺伝的系統を保持するため，ルイジアナ州のグランドテール島で，ロシアのウラジオストク北西の女王バチから生まれた新女王バチと雄バチとを交配させたものである。

（実験の概要）

　実験群であるロシアミツバチ22群と対照群であるアメリカ合衆国のミツバチ22群がルイジアナ州バトンルージュの養蜂場に設置され，1998年6月から1999年11月にかけて，ヘギイタダニの数の増減や各コロニーの抵抗性が観察された。なお，観察開始に先立ってヘギイタダニ感染状況を調べたところ，実験群（ロシアミツバチ）のほうが対照群（アメリカ合衆国のミツバチ）よりも多くのヘギイタダニに寄生されていることがわかったが，ロシアミツバチのヘギイタダニ抵抗性は高いという仮説のもと，観察は始められた。

（実験の結果）

　1年目は，実験群も対照群もヘギイタダニはそれほど増加しなかったが，2年目に急激に増加を始め，5月には対照群の7群が，ヘギイタダニの数が1万匹を超え（平均10,844 ± 1,665匹）バロア症のため「死亡」してしまった[12]。対照群のヘギイタダニの数は上限に達したため，5月の1万匹をさらに上回る増加はなかったが，6月には7群，7月には4群が死亡し全滅してしまい（残りの4群は女王バチの交替または喪失），観察は中断された。

　一方，実験群であるロシアミツバチのコロニーのヘギイタダニの数は，6月と

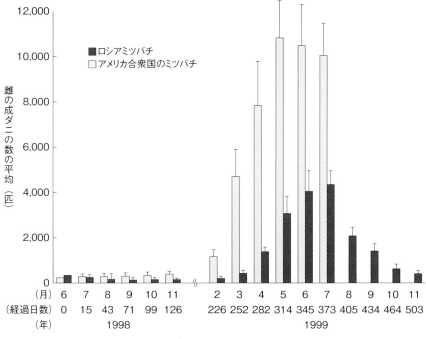

図6−3　ロシアミツバチのヘギイタダニ抵抗性
コロニー内の雌の成ダニの数の平均の推移を示している。
（出典）Rinderer *et al.*（2001）より引用

　7月に4,000匹程度まで増加し，7月には3群が死亡してしまったが（平均ダニ数7,896匹），それ以降は減少に転じ，11月には約400匹にまで減少した（**図6−3**）。

　Rindererらの観察は，対照群が全滅したためわずか2年で終了したが，この短い期間の観察によっても，ロシアミツバチのヘギイタダニ抵抗性は十二分に示された。アメリカ合衆国のミツバチは2年目の5月から7月にかけてヘギイタダニに滅ぼされてしまったが，この間，ロシアミツバチのコロニーではヘギイタダニの増加は抑制され秋には減少しており，多くのロシアミツバチが生き残った。

　報告では，コロニー内の雌の成ダニの数の平均しか明らかにされておらず，ロシ

（12）この実験では，働きバチの数が半分以上減少した時，多くのチヂレバネのハチがいた時，蜂児圏がスポット状になった時（バロア症の特徴．図3−1a），蜂児死が起きた時，働きバチ巣房の35％以上が寄生された時に，コロニーは「死亡」したとみなされた。

アミツバチのコロニーのハチの数は不明である。仮に平均20,000匹だったとすると，4,000匹ほどのヘギイタダニの寄生は約20％の寄生率だったことになる。ヘギイタダニの寄生率が20％を超えると蜂群崩壊は時間の問題で，通常ならほとんど避けることはできないが，それにもかかわらず失われた蜂群が22群中3群に留まったのは，ロシアミツバチのヘギイタダニ抵抗性ゆえである。

c. アフリカナイズドミツバチ （*Apis mellifera scutellata* × *Apis mellifera ligustica*）

• 特徴

アフリカナイズドミツバチとは，1957年にブラジルの研究者（Warwick Estevam Kerr）が，アフリカ中央・南部・東部に分布するアフリカミツバチ（*Apis mellifera scutellata*）とイタリアミツバチ（*Apis mellifera ligustica*）をかけ合わせたことで出現した交雑種である（Ellis and Ellis, 2009）。

このアフリカナイズドミツバチは，ブラジルやアルゼンチン，メキシコなどの中南米のほとんどの地域だけでなく，アメリカ合衆国南部にまで分布を広げることになった。

• 高いヘギイタダニ抵抗性

Guerraら（2000）は，ブラジルのサンパウロ州において，アフリカナイズドミツバチのヘギイタダニへの抵抗性を調べる以下の実験を行った。

（実験1）1991年5月から10月まで，「アフリカナイズドミツバチ」と，「イタリアミツバチとアフリカナイズドミツバチの交雑種」について，ヘギイタダニに「寄生された蜂児」を除去する行動（衛生行動）がどのくらい行われているかを比較する。

（実験2）1992年1月から5月までは，「アフリカナイズドミツバチ」と，アメリカ合衆国から輸入した「純粋のイタリアミツバチ」について，ヘギイタダニに「寄生された蜂児」と「蓋を外された蜂児」の除去数を比較する。

（実験3）1997年，「アフリカナイズドミツバチ」と，ブラジルのフェルナンド・デ・ノローニャ島の「バロア生存イタリアミツバチ」[13]について，ヘギイタダニに「寄生された蜂児」と「蓋を外された蜂児」の除去数を比較する。

表6−1　各種のミツバチの蜂児の除去率

	ヘギイタダニ寄生蜂児の除去率	蓋を外された蜂児の除去率
実験1		
イタリアミツバチとアフリカナイズドミツバチの交雑種	25±17%	−
アフリカナイズドミツバチ	51±21%	−
実験2		
純粋のイタリアミツバチ	31±9.1%	22±14%
アフリカナイズドミツバチ	59±8.9%	29±6.3%
実験3		
バロア生存イタリアミツバチ	35±5.4%	22.9±14%
アフリカナイズドミツバチ	61±7.0%	35±6.2%

（出典）Guerra *et al.*（2000）より筆者作成

その結果は，以下のとおりであった。

（実験1）「イタリアミツバチとアフリカナイズドミツバチの交雑種」のコロニーでは，平均25±17％の「寄生された蜂児」が除去された。一方，「アフリカナイズドミツバチ」のコロニーでは，平均51±21％が除去された。すなわち，「アフリカナイズドミツバチ」のほうが，「交雑種」よりも2倍程度効果的に衛生行動を行ったことが確認された。

（実験2）「純粋のイタリアミツバチ」のコロニーでは，平均31±9.1％の「寄生された蜂児」と，平均22±14％の「蓋を外された蜂児」が除去された。一方，「アフリカナイズドミツバチ」のコロニーでは平均59±8.9％の「寄生された蜂児」と，平均29±6.3％の「蓋を外された蜂児」が除去された。この実験においても，「アフリカナイズドミツバチ」のほうが「純粋のイタリアミツバチ」よりも効果的に衛生行動を行っていることが確認された。さらに，特に「アフリカナイズドミツバチ」のほうが，より多くヘギイタダニに「寄生された蜂児」を除去しており，バロア感受性衛生行動特性も高いことが示された。

（実験3）「イタリアミツバチ」のコロニーでは平均35±5.4％のヘギイタダニに「寄生された蜂児」と，平均22.9±14％の「蓋を外された蜂児」が除去された。対

（13）ここで対照群とされたフェルナンド・デ・ノローニャ島のイタリアミツバチは，1980年代のヘギイタダニ侵入後も治療を受けることなく，何世代も生き延びてきたコロニーの系統である。

して，「アフリカナイズドミツバチ」のコロニーでは平均61±7.0％のヘギイタダニに「寄生された蜂児」と，平均35±6.2％の「蓋を外された蜂児」が除去された。これによっても，「アフリカナイズドミツバチ」のほうが，「バロア生存イタリアミツバチ」よりも効果的に衛生行動を行っていることが確認された（**表6－1**）。

　以上の実験から，アフリカナイズドミツバチはヘギイタダニに寄生された蜂児を選択的に除去しており，バロア感受性衛生行動特性が高いことが明らかになった。一般的に，攻撃性の高いハチ（怒りっぽいハチ）は，衛生行動能力が高く，病気や寄生虫に対する抵抗性が高い傾向にある。アフリカナイズドミツバチもこの例に該当すると考えられる。

　このほか，アフリカナイズドミツバチの働きバチは，トウヨウミツバチと同じく蛹の期間がセイヨウミツバチよりも1日短く，ヘギイタダニの繁殖にとって不利である（Nunes-Silva *et al.*, 2006）。この点も，ヘギイタダニの抑制に貢献していると考えられる。

・逃去性と攻撃性

　アフリカナイズドミツバチに高いバロア感受性衛生行動特性があるとしても，この交雑種が実際の養蜂に耐えうるかと言うと，それはまた別の話である。

　アフリカナイズドミツバチは非常に逃去しやすい性質のミツバチで，内検による振動，蜜源・花粉源の枯渇，高温，アリの侵入などをきっかけに，容易に逃去を起こす。逃去しなかったのは，恵まれた環境のところに営巣した5％のコロニーだけだった（Freitas *et al.*, 2007）。

　高い攻撃性を残していることも特徴である。アフリカナイズドミツバチは「キラービー」として知られ，セイヨウミツバチと比較すると針刺行動の反応の速さは2倍，刺した針の数は8倍だった（Villa, 1988）。また，Faitaら（2014）が，綿を詰めた黒色の直径2cmの革のボールを使って，アフリカナイズドミツバチのコロニー10群の反応を観察したところ，最初の針刺行動開始にかかった時間は平均で4.44秒（1.4秒から6.0秒），その針刺行動後にハチたちが怒り出すのにかかった時間は平均で5.02秒（2.2秒から10.33秒），追跡距離は平均で123.86m（23.33mから216.6m），刺し残した針の数は平均で16.08本（13.2本から28.4本）だった。追跡距離が100mを超え，刺した針も平均で16本というあたり，攻撃性の高さがうかがえる。

　それでも，忌み嫌われることとなった攻撃性は以前より弱くなり，むしろその高

いヘギイタダニ抵抗性ゆえにロイヤルゼリーやプロポリス採取用の養蜂種として利用されるまでになっている。

• 生態系被害防止外来種

環境省は，外来生物法[14]に基づき，2015年3月まで，「アフリカミツバチとアフリカ化ミツバチ」を「要注意外来生物」に選定していた。現在は，「生態系被害防止外来種」の「侵入予防外来種」に分類している。「特定外来生物」にはあたらないため，外来生物法に基づく飼養等の規制は課されていない。それでも，アフリカナイズドミツバチが日本に侵入するなら，養蜂現場の混乱は避けられないだろう。

d. 輸入規制

家畜伝染病予防法上，ミツバチはどこからでも自由に輸入できるわけではない。現在，日本にミツバチを輸入できる国や地域は，イタリア，ロシア連邦，アメリカ合衆国ハワイ州，オーストラリア，ニュージーランド，スロベニア，チリに限定されている[15]。

チリを含め（Collet *et al.*, 2006），上記のいずれの地域においてもアフリカナイズドミツバチは存在しない。そのため，法令が遵守されないとか，あるいは「輸入貨物にアフリカナイズドミツバチの群が営巣していた」とかの場合でもない限り，日本にアフリカナイズドミツバチがもたらされることはない。

5. 海外からのダニ抵抗性品種・系統の導入の有効性と注意点

a. ロシアミツバチ育種家協会による品種の維持管理

ロシアミツバチならロシア連邦から輸入することができる。現実にアメリカ合衆国では，農務省主導で行われたロシアミツバチ導入計画は成功している。日本でもそれにならってロシアミツバチを導入すればヘギイタダニ問題を克服できるのではないか。そう夢想するのは容易いが，ことはそれほど単純ではない。

現在，アメリカ合衆国のロシアミツバチは，ロシアミツバチ育種家協会（The Russian Honey Bee Breeders Association）が中心となって品種の維持管理が行われている。そうしないと地元のミツバチと交雑し，その優れた形質が失われてしまう

---

(14) 正式には，「特定外来生物による生態系等に係る被害の防止に関する法律」。
(15) 2021年12月時点。

からである。

　同協会では，他のミツバチと交雑しないように特別な交配場で交配を行うようにしており，品種の遺伝子が保持されているかを定期的に調べ，交雑のあった系統は排除している。また，品種の維持には同系交配（近親交配）の危険があるため，他の複数の養蜂場から相互に雄バチを融通し合っている。さらに，養蜂家の判断で成績評価が行われ，選別が続けられている。

　アメリカ合衆国では，こうした弛みない努力によって，ロシアミツバチの品種が守られているのである。そのようなわけで，地元のミツバチとの交雑や，過度な同系交配の問題に配慮が払われていないところでロシアミツバチを導入したとしても失敗に終わるだろう[16]。

　また，ロシアミツバチの品種を技術的に維持できたとしても，期待どおりの働きをするとは限らない。どのような生物もその棲息環境に適しているのが普通で，どこでも首尾よく生きていけるわけではない。気温や湿度が違うだけでなく，餌も異なれば，天敵もいたりいなかったりし，強さを発揮することも，その逆もある。これはアメリカ合衆国においても同じで，ロシアミツバチは導入当初，ハチミツの生産性は低かった（Rinderer and Coy, 2020:183-192）。

b. 外来種導入のリスク

　地域の生態系にない外来種を導入するリスクは計り知れない。生態系は絶妙なバランスを保っているが，そこになかった種が入り込むことで生物相は大きく変化し，ある種は栄え，ある種は滅びることとなる。このような原因に，セイヨウオオマルハナバチ，ネコ，ヒト，ペットとして飼われた動物や昆虫などがある。

　すでに地域に存在する同じ種類の動物であっても，他地域からの移入は，同様の破壊的な影響を及ぼすことがある（国内外来種問題）。ニホンミツバチは，かつては地域の狭い環境の中で均衡を維持しながら存続していたが，昨今はインターネットなどで個人間取引が活発に行われるようになり，地域を越え，都道府県を越え，列島を越えて移動するようになった。その結果，アカリンダニが全国に届けられ，さらには，地域には適していない形質が広まり（遺伝子の攪乱），多くの地域でニホンミツバチが絶滅するという大惨事が起きた。

　同じ問題はセイヨウミツバチも抱えている。仮に多産でハチミツもよく集め，病気にも強い優れた系統があるとしても，それが他の地域で同じようなパフォーマン

スを発揮する保証はなく，むしろそうならないことのほうが多い。たとえば，沖縄に最適化された遺伝子を持つハチが，北海道で同様のパフォーマンスを発揮することは期待できない。多産でハチミツをよく集めるというのは，その地域の蜜源が豊かで，かつそれに適していたからだろう。病気に強いというのも，普通はその地域に存在する病気に対してである。もし，それまで経験したことのない病源のある地域に行けば，たちまち滅ぶに違いない。

　海外から輸入するミツバチが，今手元にあるミツバチと遺伝的に同じということはない。もしそうなら導入する意味がない。遺伝的に差異があるということは，その地域には最適化されていないということである。そのようなわけで，他の地域のハチを持ち込んで何かよいことが起こるとは期待しないほうがよい。

　ミツバチを輸入するにあたっては，ふたつのリスクを考えておく必要があるだろう。ひとつは，病原が持ち込まれるリスクである。もちろん輸出国側と輸入国側（日本）で二重に検疫を経ることになっているが，それを免れて入り込む病原は少なくない。その病原は輸出国側では問題化していなくても，輸入国側で大きな問題を引き起こすことがある。もうひとつは，輸入国側には十分適していない遺伝子が入り込むリスクである。それが広まることで，それまで問題なくやっていけた集団が不安定になることも起こりうる。

　通常，前者の問題ばかりが強調されるが，一見わかりにくい後者の問題のほうがより深刻である。導入種が適応的でない場合は当然滅ぶが，それと交雑した雑種も滅びゆくこととなる。その結果，本来滅びるはずのなかった適応的な系統の多様性まで損なわれることになるのである。

　現在，法律では手続きに従えばミツバチを輸入することは可能であり，そうする自由は誰しも持っている。しかし，それが現在の地域や未来の環境に及ぼす影響については，よく考える必要がある。

6. おわりに

　ミツバチのダニに対する抵抗性を語る際，しばしばグルーミング行動を引き合いに出し，それが蜂群の帰趨を決するかのように論じる人がいる。しかし，そのよう

---

(16) このことは，ロシアミツバチ以外の品種にもあてはまる。

な講釈は「グルーミング信仰」とでも呼ぶべき説話で，決してミツバチの生態を正しく表していない。

　たとえば，ある疫病が流行している中，健康でいられる人がいるとしよう。その人が手洗いをよく行っているからと言って，その疫病は手洗いで対処できるのだと主張するなら，それは暴論である。その人の健康は，手洗いなどの衛生管理だけでなく，持って生まれた遺伝的体質や，バランスの取れた滋養豊かな食餌，定期的に行う適度な運動，ストレスを溜めない対人スキル，その他諸々の要因が重なった結果に違いない。ミツバチのダニに対する抵抗性についても，同じことが言える。

　なお，先ほどの人間の喩え話の中で，「バランスの取れた滋養豊かな食餌」を例として挙げたが，この観点は養蜂においては軽んじられ，見過ごされている。ウシやブタ，ニワトリなどの畜産家が餌にかなり気を使っていることと比べると，養蜂家がハチの食べるものに無頓着なのは，奇妙を通り越して異常にすら感じられる。

　ミツバチにとって最も健康的な食餌とは，豊かな自然から得られる多様な蜜と花粉である。それなのに，無慈悲な養蜂家がミツバチに与えるものと言えば，花粉交配先の単一の花蜜と花粉，あるいは砂糖水とビール酵母である。対して，北マケドニアの養蜂家ハティツェ・ムラトヴァ（Hatidže Muratova）は，採蜜時には「半分は私に，半分はあなたたち（ハチ）に」と唱え，ハチミツを取り尽くすようなことはしない（ドキュメンタリー「ハニーランド　永遠の谷」，原題：Honeyland, 2019）。もちろん，食餌だけで強敵のダニを克服することはできないが，グルーミングや衛生行動，その他の因子が総合して効果を発揮するためにも，パワフルな「兵糧」は不可欠である。

　残念なことに有力な蜜源植物の多くは，「生物多様性」という錦の御旗のもと，外来生物として目の敵にされ，全国的に減少の一途をたどっている。そのような中，蜜源基盤の整備・強化が求められるが，それは養蜂家個人の努力の範疇を超えているため，行政や地域社会と連携しながら取り組んでいかなければならない。

すでに述べたとおり，ニホンミツバチを含むトウヨウミツバチにヘギイタダニ問題は事実上存在しない。さらにニホンミツバチにはオオスズメバチに対処する能力もある。日本でミツバチを飼育するのなら，日本の環境に適応しているニホンミツバチを飼えば済むことなのではないか。実際のところ，ニホンミツバチの愛好家らはそのような考えに基づいて飼育している節がある。しかし，畜産という観点からは，ニホンミツバチがセイヨウミツバチに置き換わることはなさそうである。

その理由のひとつとして，トウヨウミツバチが「逃去」しやすいことを挙げることができる。「逃去」とは，環境が悪化するなどした場合に巣を捨ててよりよいところへ集団で引っ越すことで，セイヨウミツバチにおいても見られるが，トウヨウミツバチにおいて顕著である。これは，採餌行動半径が狭いためで，セイヨウミツバチは一般的に採餌行動半径が6km（最大12km）であるのに対し，トウヨウミツバチでは一般に500mから900m，最大でも1,500mから2,500mである（Koetz, 2013）。行動範囲の中で餌（花蜜，花粉）の供給が厳しくなると，トウヨウミツバチは，引っ越しをして餌場を変えることを選ぶ。これを飼育者の側から見ると「逃げられた」ことになる。

このようにトウヨウミツバチの逃去は，環境の悪化を起因とするが，こうした行動は蜂群の密度が高ければ当然に起こりやすくなる。そのためトウヨウミツバチの亜種であるニホンミツバチは，その性質上，多群飼育には向いていない。多群飼育が難しいということは，採蜜量には自ずと限界があり，花粉交配用に生産しようとしても需要を満たすほどの供給は難しいということでもある。現代の農業生産の文脈において，ニホンミツバチがセイヨウミツバチに置き換わることはないのである。

ほかにも問題はある。ニホンミツバチはレタスの葉を食害することがわかっている（横井，2005）。花粉交配者として導入した結果，近隣のレタス農家に被害を与えてしまっては，そこで農家としてやっていくことはできないだろう。また，ニホンミツバチは，ハチノスツヅリガ（スムシ）やアカリンダニ，サックブルードウイルスに対する抵抗性が著しく低い。必ずしも病気に強いわけではなく，飼育が容易だというわけでもない。

もっとも，これらの事実によってニホンミツバチの価値が下がるということはない。農業生産をはじめとする人間の都合に合っていないというだけのことであって，ニホンミツバチには何の罪もない。

第7章

サバイバルテスト

1. はじめに

　現代の養蜂は，ダニに力負けしそうになっているものの，化学的防除や物理的防除によってなんとか持ち堪えている。しかし，そうした防除はコストや手間がかかる上に，将来効果を失う可能性がある。少なくとも現状では，ミツバチは養蜂家の助けなくして自力で生きていくことは難しい。持続可能な養蜂を行うためには，ミツバチ自身が次なるステージへ上がらなければならない。

　ここで検討するのは，人間が手を差し伸べなかった場合，ダニに寄生されたミツバチがどうなるのか，についてである。野生のミツバチは養蜂家の保護を受けておらず，アピスタンやアピバールなどの化学的防除も，雄バチ巣房の除去といった物理的防除も受けていない。野生のミツバチは，ヘギイタダニに寄生されたら自分でなんとかするか，滅ぼされるかのどちらかである。

　もし，ヘギイタダニが強くミツバチ単独で対処しきれないのなら，世界中のミツバチはヘギイタダニに征服され絶滅していることだろう。確かにヨーロッパや北米ではヘギイタダニの侵攻によって野生のミツバチはほぼ消滅した（Potts *et al.*, 2010）。しかし，そうした地域でもごく少数のコロニーは野生のミツバチとして生き続け，復活の端緒となっている。これは，人が手を差し伸べなくてもミツバチはヘギイタダニに対処しうることを示している。

　ヘギイタダニに寄生されたミツバチのコロニーを治療せずに放任飼育を続けた場合，そのコロニーはどうなってしまうのだろうか。どの程度生き残ることができるのだろうか。その中にヘギイタダニ抵抗性系統はあるのだろうか。さらには，ダニの

側にどのような変化が起こるのだろうか。本章では，これまで世界各地で行われてきた代表的なサバイバルテスト（完全放任飼育選抜法）の結果から，ミツバチとダニの共生関係について考える。

2. ボンド・テスト

　Kefussら（2004）は，1993年から2004年にかけてフランスのトゥールーズ近くのル・ボルヌにおいて，ヘギイタダニを寄生させた蜂群を治療せずに放置する実験を行った。この完全放任飼育テストをKefussらは，007シリーズの主役ジェームズ・ボンドにちなみ「ボンド・テスト」と呼ぶことにした[1]。

　1993年9月，Kefussらは実験対象としてチュニジアのセジュナンヌ産のチュニジアミツバチ（*Apis mellifera intermissa*）[2]を女王バチとするコロニーと，対照群としてドイツのオーバーウルゼル産のカルニオラミツバチを女王バチとするコロニーを選んだ。

　すべてのコロニーは，初期条件を揃えた上でル・ボルヌに設置され，実質各9群[3]で実験が開始された。以後，2004年までヘギイタダニの防除は行わずに，寄生率や生存群数などの観察が続けられた。

　実験と観察は，ふたつの段階に分けられる。コロニーに元の女王バチの遺伝子が残っている段階（1993〜1994年）と，地元のハチと交雑し遺伝的に区別がつかなくなった段階（1995〜2004年）である。また，1999年には特に優れた2匹の生き残り女王バチから生まれた11匹の新女王バチを用い，新たに別のボンド・テストが開始された。

・交雑前（1993〜1994年）

　実験を開始して2年目の1994年8月までのヘギイタダニの寄生率を示したのが図7－1－1である。それによると，1994年5月までは両品種とも大きな変化はなかったが，6月以降，カルニオラミツバチではヘギイタダニが急増し，8月にはほぼ半数以上のハチがヘギイタダニに寄生されるようになった。一方で，チュニジアミツバチでは大きな変化は見られず，寄生率は10％ないし20％程度で安定していた。

　このカルニオラミツバチのコロニーではヘギイタダニの寄生率が特に上昇した7月と8月以降，蜂児巣枠も成蜂巣枠も半減したが，チュニジアミツバチのコロニーでは，反対に7月と8月は蜂児巣枠を増やし，成蜂巣枠の数は安定を保った。

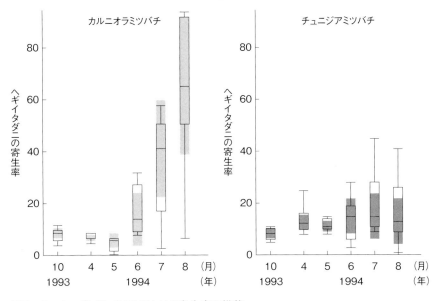

図7−1−1　ボンド・テストにおける寄生率の推移
ハチ100匹あたりのヘギイタダニの数の推移を示している（網掛け部分は信頼区間）。
（出典）Kefuss *et al.*（2004）より引用

　結局この年の10月まで生き残ったのは，カルニオラミツバチは9群中1群，チュ
ニジアミツバチは9群中7群だった。

- 交雑後（1995〜2004年）

　2つの系統の生存群数の推移を示したのが，次の**図7−1−2**である。3年目以降
は地元のハチとの交雑が進んだため，カルニオラ系統かチュニジア系統か区別する
意味は乏しいが，1998年10月まで生き残っていたのは，カルニオラミツバチの交雑
種1群とチュニジアミツバチの交雑種6群，実験を終了する2004年にはカルニオラ
ミツバチの交雑種1群と，チュニジアミツバチの交雑種2群であった。1999年以降
数を減らしたのは，地元のヘギイタダニ感受性の高い（抵抗性の低い）系統と交雑
が進み，抵抗性が薄れたためだと考えられる。

（1）イアン・フレミング原作の映画「死ぬのは奴らだ」（007シリーズ第8作）の，主役ジェームズ・ボン
ドが，サメの泳ぐプールに敵役ミスター・ビッグとともに飛び込むシーンにちなんでつけられた名称である。
（2）アフリカのサハラ砂漠以北ないし西部に分布するセイヨウミツバチの亜種。西ヨーロッパのミツバチ
の始原的な品種である（Adam, 1987:40）。
（3）それぞれ12群から実験を開始したが，どちらも3群の女王バチがコロニーに受け入れられなかった。

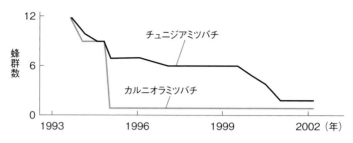

図7-1-2 ボンド・テストにおける品種別の生存群数の推移
（出典）Kefuss *et al.* （2004）より引用

・新たなボンド・テスト（1999年～2002年）

　1999年には，特に優れた2匹の生き残り女王バチから生まれた11匹の新女王バチを用い，クロアチアで新たに別のボンド・テストが開始された。それらのコロニーは，2年半の間，寄生率が季節によって大きく変わることはなく，成蜂の数に対するヘギイタダニの数はミツバチ100匹あたり3.3匹（大域的な値。最小1.7匹から最大5.4匹まで）で，蜂児に対する寄生率も低く，20％を超えることはなかった。

・ボンド・テストの評価

　1993年開始時の元コロニー24群（実質18群）は，11年後の2004年には合計で3群にまで減少しているが，その間無治療で代を重ね存続することができた。

　新しいボンド・テストの記録は2年半と短いが，非抵抗性系統なら2年間無治療のままでは滅んでいるか壊滅的状況に陥っているはずなので，ヘギイタダニの増加が抑制された状況を鑑みれば，11群は抵抗性を引き継いだ増加群としてカウントすることができる。

　存続群から増やしたコロニーは抵抗性を有していたことから，ボンド・テストは，ヘギイタダニ抵抗性群を選抜する方法として有効だと評価しうる。

3. バロア生存バチ

　Le Conteら（2007）は，ヘギイタダニの防除を行わずに自然選択[4]を経たハチ（バロア生存バチ：Varroa Surviving Bee）と対照群について，1999年から2005年にかけて生存率を比較した[5]。バロア生存バチは無治療のまま，対照群は毎年秋に1度アピバールによる治療を行った。

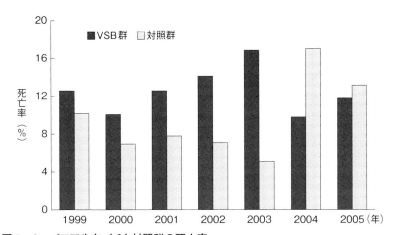

図7－2　バロア生存バチと対照群の死亡率
ヘギイタダニの試練を乗り越えたコロニーの死亡率は，治療を受けているコロニーと差がない。
（出典）Le Conte *et al.*（2007）による（一部省略）

　その結果を示したのが**図7－2**である。無治療のバロア生存バチ群の年間の死亡率は平均で12.46±0.92％（9.7％から16.8％の間）であった。一方，対照群の死亡率は9.57±1.59％と，両者の間に重大な差異は見られなかった。6年後の生存率は，無治療のバロア生存バチ群が45.1％，治療した対照群は56.5％であり，これについても重大な差異は見られなかった。

　さらに，コロニーの存続年数も実質的な差はなかった。1999年の実験開始に先立って1994年に確保されたバロア生存バチ系統の12群のうち5群は，実験終了の2005年まで治療なしで生き延びている。これはコロニーが10年以上（9.8±0.7年）存続したということである。また，地元の養蜂家から調達したバロア生存バチ系統は，西フランスで平均6.54±0.25年，アヴィニョンで平均5.86±0.21年存続した。治療した対照群の存続年数は，前者で平均6.63±0.3年，後者で平均6.78±0.2年であった。

（4）「自然選択」とは，環境に適した生存に有利な形質と行動が残り，不利なものは取り除かれ，種はより適応的なものへと変化・分化していくという自然のメカニズムで，生物の小進化に貢献している。博物学者のアルフレッド・ラッセル・ウォレス（Alfred Russel Wallace）が19世紀に理論化し提唱した。
（5）この実験で使われたバロア生存バチは，①1994年にフランスのル・マン近郊で確保した野生の蜂群6群，②アヴィニョン周辺の放棄された養蜂場で確保した蜂群6群（ともに3年以上ヘギイタダニの防除なし），③2年以上ヘギイタダニの防除を受けていない地元で順調な蜂群で，1998年と1999年に追加した70群である。

この実験でも蜂群の喪失が見られたが，その原因のほとんどは，冬季の女王バチの喪失か，分蜂時の失敗だった。実際のところ，新女王バチの約3割程度は，コロニーの継承に失敗するものである（Gerula *et al.*, 2018）[6]。その点を勘案すると，この実験におけるバロア生存バチは，存続の点に関してはヘギイタダニの影響をほとんど受けていなかったと言うことができる。

4. スウェーデン版ボンド・テスト

　Fries ら（2006b）は，1999年から2005年にかけて，バルト海のゴットランド島南端のスドレットに遺伝的に多様な150群を定置し，ヘギイタダニを寄生させた蜂群を治療せずに放置し，蜂群が生存できるかどうかを試す実験を6年にわたり行った[7]。「越冬成功」の判定として，女王バチと，6月の増加に必要なハチ（1,000匹以上）の存在が条件とされた。また，ヘギイタダニの寄生率の測定は，2000年から2005年の有蓋蜂児のない秋に，すべての群れから100cm³のハチをサンプルとして取り分けて行われた。

　その結果を示したのが次の**表7−1**であるが，実に興味深いものであった。無治療

表7−1　スウェーデン版ボンド・テストの結果

年	種別	元の群	各年の分蜂群（年）					合計	越冬前の寄生率	越冬中の喪失率
			2000	2001	2003	2004	2005			
1999	越冬群	150						150	3%	
2000	生存群	142						142		5.3%
2000	越冬群	130	16					146	42%	
2001	生存群	92	12					104		28.8%
2001	越冬群	91	12	17				120	47%	
2002	生存群	21	8	0				29		75.8%
2002	越冬群	17	4	0				21	45%	
2003	生存群	9	0	0				9		57.1%
2003	越冬群	8	0	0	1			9	39%	
2004	生存群	6	0	0	1			7		22.2%
2004	越冬群	6	0	0	1	4		11	19%	
2005	生存群	5	0	0	1	3		9		18.2%
2005	越冬群	5	0	0	1	3	4	13	22%	

越冬前の寄生率は10月後半における成蜂へのヘギイタダニの寄生率の平均。
（出典）Fries *et al.*（2006b）より引用の上，一部修正・加筆

の150群（1999年）は、最初の冬（1999～2000年の冬）は142群が越冬に成功し、喪失率は5.3％と標準よりも優れた結果だったが、2度目の冬（2000～2001年の冬）の喪失率は全体で28.8％、3度目の冬（2001～2002年の冬）は75.8％にも上った。この時点（2002年の春）で元のコロニーの生き残りは21群となり、全体では分蜂群の8群と合わせて29群になってしまった。この大量喪失のあった年の夏（2002年の夏）は、分蜂は一度も起きなかった。

　2004年春には、元の生き残り群6群と分蜂群1群の合計7群まで減少したが、実験を終える2005年には、元の群5群と分蜂群8群の合計13群まで回復した。

　壮絶な減少の記録であるが、希望を見出すには十分である。最悪の減少率（75.8％）を記録したのは実験開始から3年後のことであるが、それ以降は、4度目の冬（2002～2003年の冬）は57.1％、5度目の冬（2003～2004年の冬）は22.2％、6度目の冬（2004～2005年の冬）は18.2％の喪失率で、5度目の冬以降は養蜂を行う上で許容できる程度の越冬率にまで戻っている。

　5年で150群から7群まで減少したと捉えるなら悪夢以外の何物でもないが、ヘギイタダニ対策を一切行わずに1年半で7群から13群まで増群できたと考えるなら福音である。

　また、ヘギイタダニの寄生率は、最も高かったのは3年目（2001年）の47％で、それ以後は減少し、6年目（2004年）には19％、7年目（2005年）には22％であった。この程度の寄生率なら、抵抗性系統は治療なしでもどうにかやっていくことができる。

　この研究は、ミツバチがヘギイタダニ抵抗性を発達させたのか、ヘギイタダニが弱毒化したのか、あるいはその両方なのかについては明らかにしていないが、無治療で数年放置するならセイヨウミツバチもヘギイタダニと共存できるようになる可能性を示している。

（6）Gerulaら（2018）の観察によれば、継承に成功した女王バチは7割程度であり、配偶飛行中に鳥などの捕食者に捕らえられたものが9.3％、戻る巣を間違えて殺されたものが5.2％、正しい巣に戻っているのになぜか働きバチに蜂球にされて殺されたものが8.9％、そもそも配偶飛行に行かなかったものが6.8％であった。

（7）分蜂が行われたかどうかを調べるために、2000年から2005年にかけて、年に4度内検が行われた。捕獲された自然分蜂群と、自然分蜂で逃げられないために行った人工分蜂群はともに別の養蜂場に移され、翌年には元の場所に戻された。なお、環境が厳しかったため、越冬のための砂糖水給餌が行われている。

5. 西表島の野生のミツバチ

　日本でも，「バロア生存バチ」の事例が存在する。比較的最近の例として，西表島の野生のミツバチを挙げることができる。日本の最西端に位置する西表島では，天敵であるクマやオオスズメバチがいないため，セイヨウミツバチ（*Apis mellifera ligustica*）が野生化できる条件が整っている。

　高橋と片田（2002）は，2000年から2001年にかけて西表島で調査を行ったが，それによれば，西表島の野生のセイヨウミツバチは，1968年に導入されたコロニーの子孫で，1971年からは人の手を借りずに生存し，島内全域に分布するようになったとのことである。それらのミツバチのヘギイタダニ感染状況も調べられたが，寄生されていることが確認された。

　もっとも，西表島の野生のセイヨウミツバチがヘギイタダニ抵抗性を有するようになったのか，ヘギイタダニのほうが弱毒化したのか，あるいは熱帯地域特有の傾向なのかについては調べられていない[8]。

　なお，西表島のほぼ全域が，西表石垣国立公園ないし西表森林生態系保護地域の特別保護区や特別地域，保存地区などに指定されている。そのため，諸法令により蜂群の捕獲は禁止されているか，許可が必要となっている。

6. アメリカ合衆国・アーノットの森の野生のミツバチ

　アメリカ合衆国は，イギリスのアカリンダニ禍を受け，1922年以来外国からのミツバチの輸入を制限してきた。そのため，ヘギイタダニの上陸はヨーロッパよりも遅かった。しかし1987年頃にはヘギイタダニの寄生が報告されるようになり，1990年代にはハワイ州を除く全土で深刻な事態に陥った。

　コーネル大学のSeeley（2007）は，2002年から2005年にかけてニューヨーク州イサカの南にある同学所有のアーノットの森に棲息する野生のミツバチを調査した。その結果，野生のミツバチが，ヘギイタダニに寄生されていることが明らかになった。しかし，2002年の秋に存在していたコロニーは3年後の2005年になっても滅びることなく存在し続けた。さらに，それらは晩夏になってもヘギイタダニの数が高水準になることはなかった。

　これはアーノットの森のミツバチがヘギイタダニ抵抗性を発達させたということ

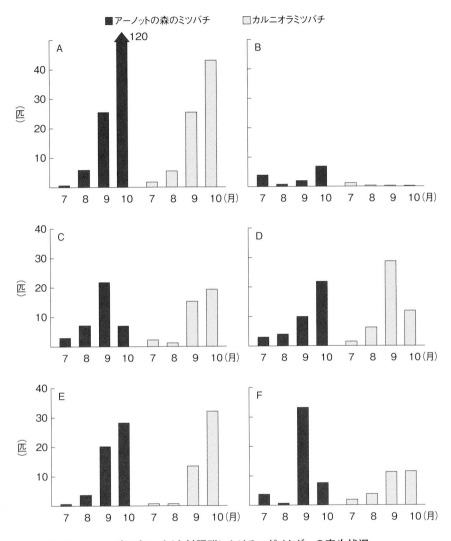

図7-3　アーノットの森のミツバチと対照群におけるヘギイタダニの寄生状況
48時間のうちに落下したヘギイタダニの数を比較したもの。アーノットの森のミツバチは，ロシアミツバチのようにヘギイタダニの増加を抑制しているわけではなかった。
（出典）Seeley（2007）より引用

（8）現在の西表島には島外から蜂群が移入されてしまっており，そのヘギイタダニ抵抗性については，高橋と片田の調査時と同じとは限らない。

なのだろうか。Seeleyは，アーノットの森のミツバチのコロニーと，対照群となるカルニオラミツバチのコロニーに同じ数のヘギイタダニを入れて，ヘギイタダニの増加の様子を調べることにした。もしアーノットの森のミツバチがヘギイタダニ抵抗性を発達させているのなら，カルニオラミツバチのコロニーよりもダニの増殖を抑えたものになると予想したからである。

　その結果は図7-3のとおり，アーノットの森のミツバチのコロニーと対照群とでは，落下したヘギイタダニの数に大きな差異はないというもので，アーノットの森のミツバチが抵抗性を発達させた証拠は得られなかった。

　ヘギイタダニ抵抗性が見られないのになぜ滅ぼされることなく存続できたのだろうか。理論上，水平感染のない孤立したところでは，寄生者は寄主を滅ぼさない程度にまで弱毒化する。もし寄主を滅ぼせば自らをも滅ぼすことになるからである。寄主を滅ぼすほど強い寄生者は，寄主と運命をともにすることで淘汰されてしまうため，結果的により弱い寄生者が残ることになる。

　アーノットの森の野生のミツバチの例は，水平感染がほとんどない環境では，ヘギイタダニは弱毒化し，ミツバチと安定した共生関係を築きうることを示唆している。

7. ボトルネック効果による小進化と多様性の維持

　サバイバルテストは，抵抗性系統を選抜したり，寄主と寄生者の関係を均衡的にしたりする点で効果があるが，その過程において多くのコロニーが死滅することになる。サバイバルテストは，遺伝子の多様性を損ない適応幅を狭くしてしまうことにならないのだろうか？

　1980年代以降，ニューヨーク州イサカ周辺の野生のミツバチは，ヘギイタダニの感染まん延によって大きな打撃を受けたが，絶滅を免れたごく小数の系統（おそらくは3，4群（Seeley, 2016:146））を「創始者」として，遅くとも2010年までには過去と同じ水準にまで回復している。これらイサカの野生のミツバチは，ヘギイタダニに寄生されながらも存続することができているが，その遺伝子から興味深い事実が明らかになった。

　Seeleyを含むMikheyevら（2015）は，コーネル大学昆虫コレクションに収蔵された，ヘギイタダニ禍前の1977年にニューヨーク州イサカ近くの森に棲息していた野

生のミツバチの証拠標本と，ヘギイタダニ侵入後の2010年に同じところで採集されたミツバチのDNAを比較することにした。

　その結果，ミトコンドリアDNAについては，ハプロタイプ多様度が損なわれていることが明らかになった。つまり，新しい標本と比べると，古い標本の系統はほぼすべてが失われていた。しかし，核DNAについては，ミトコンドリアDNAほど多様性は減少していなかった。イサカの野生のミツバチはヘギイタダニ禍によってボトルネックを経たが，それでも多様性を失うことはなかったのである。

　一般的に，生物集団において個体数が激減した場合，これとは逆の結果になる。つまり，集団の遺伝子の均一化は高まる（多様性を失う）ことになる。この現象は，特に「ボトルネック効果（瓶首効果）」と呼ばれ，集団内の遺伝子頻度に変化をもたらす。これは，変異を促す効果がある一方で，将来の環境変化に対応する柔軟性を損なう負の側面もある。それにもかかわらず，イサカの野生のミツバチはその問題を回避しながら生き残ったのである。

　このように一見奇妙な現象が起きたのは，ミツバチが一妻多夫婚制（複婚）であるためである。すなわち，1匹の女王バチが十数匹の雄バチと交配し，多くの遺伝子を残したからである。

　イサカ周辺の野生のミツバチに起きていたのはそれだけではなかった。自然選択にさらされた跡として，ゲノムの634か所に大きな変化が見られた。具体的には，形態の点では，頭部や背板の幅が若干狭まり，体の大きさが全般的に小さくなっており，翅の形状にも変化が見られた。このような形態の変化は，幼虫の運動や脱皮様式を変え，巣房内のダニを殺す可能性がある。また，嗅覚の点では，忌避記憶形成の役割を担うドーパミン受容体（AmDOP3）の遺伝子や，嗅覚記憶を司るキノコ体 [9] の発生とシナプスの形成に関わる遺伝子にも変化が見られた。

　ほかにも，現在のイサカの野生のミツバチには，少し小型のアフリカミツバチ系統の遺伝子が流入していたこともわかっている。これはヘギイタダニ禍による淘汰圧のおかげというよりは遠縁交配の結果だが，遺伝的多様性がいかに重要であるかを物語っている。

　このように，ミツバチの場合はサバイバルテストという選択を経ても遺伝的多様性を保ちつつ，抵抗性を発達させることが明らかになった。

---

(9) 哺乳類の前頭葉と海馬に相当する部位。

8. おわりに——大量死を経験したらどうするか

　サバイバルテストは，「ダニ戦争」に終止符を打つ「切り札」であるが，それを進んで行う養蜂家はいないかもしれない。しかし，最近では，越冬に失敗して管理蜂群の半数を，場合によっては8, 9割を喪失することは珍しいことではなくなっており，期せずしてサバイバルテストを実行していることがある。生き延びたコロニーは，ダニなどに対する抵抗性を有した「強い」遺伝子を持っている可能性がある。

　越冬の失敗は，多くの場合，貪欲にハチミツを搾取した結果である。そのような場合，ダニよりも有害なのは養蜂家自身ということになる。それでも，秋のうちに十分蜜が集められなかったとすれば，それはミツバチにダニに対する抵抗性がなかった，あるいはダニが強毒性だった可能性がある。少なくとも，そのミツバチは過酷な条件を乗り越えられなかった「弱い」，あるいは「不運な」系統であることは確かである。そのため，越冬失敗の原因が養蜂家にあるか否かにかかわらず，そのような越冬死による淘汰は，養蜂を継続する上でプラスである。

　越冬死したハチは，すぐに処分せずに，死骸をよく調べ原因を究明するべきである。ヘギイタダニなら死骸の腹側などを虫眼鏡で観察し，アカリンダニなら解剖して気管を顕微鏡で調べる。ダニが原因と考えられる場合は，防除の方法や実施した時期などに問題がなかったかなどを振り返り，検討することになる。

　もし，ダニに寄生されていながら実質的な防除がなされていなかったと結論されるなら，その生き残り群は自然選択を経たものと言うことができ，抵抗性を有している可能性がある。そのような場合は，他所から種蜂を手に入れて再起を図るのではなく，手持ちの生き残り群を増殖してはどうだろうか。ダニに悩まされることのない「次なる養蜂」の扉が開かれるかもしれない。

補論2 日本のヘギイタダニ禍前史

1. はじめに

　日本のセイヨウミツバチの飼育は，1877（明治10）年に開始された内藤新宿試験場での試験飼育を嚆矢とする。4群だったセイヨウミツバチは18群まで増え，2年後の1879（明治12）年には払い下げられ，埼玉や神奈川，静岡，兵庫など日本の各地に分配された。しかし，それらの蜂群はその後消滅した。

　一方，払下げに先立つ1878（明治11）年には，熱帯の小笠原諸島へ2群が移され，後に300群ほどに増えた。それを青柳浩次郎が1890（明治23）年に購入し，小石川，甲府，静岡（現在の富士市）で飼育し（後に箱根に移転），事実上の本州におけるセイヨウミツバチ養蜂の幕が開かれた（干場，2020：115；貝瀬，2020）。

　日本はヘギイタダニの棲息地である。これら導入されたセイヨウミツバチがヘギイタダニの寄生から免れることはなかったのは間違いないが，それにもかかわらず養蜂を継続できたのはなぜだろうか。日本ではいつヘギイタダニの寄生が始まったのだろうか。明治時代の養蜂書には，セイヨウミツバチに寄生する「蜂虱」についての記述が見られるが，この「蜂虱」とは，ヘギイタダニのことなのだろうか。ここでは，4人の養蜂家・研究者が記した文献を手がかりに，こうした疑問を解きながら，日本におけるヘギイタダニ寄生の歴史を検討したい。

2. 玉利喜造『養蜂改良説』

　農学者の玉利喜造が1889（明治22）年に著した『養蜂改良説』（有隣堂）の88ページには，「蜂虱」が次のように記されている。

> 蜂虱なるものあり。甚だ細微にして，時としては壹疋〔一匹〕の蜂に拾余疋〔十数匹〕寄生することあり。都て是等〔すべてこれら〕の悪害を予防するには改良巣箱に入れ，時々検査してその未だ盛んならざるに方て〔後の版では「先立ちて」〕撲滅の策を講ずべし。（句読点の挿入と濁点の付記，〔　〕は筆者による）

　そもそもダニは節足動物ではあるが，シラミのような昆虫ではなく，脚の数が8本のクモに近い。ミツバチに寄生する「シラミ」には，ブラウラ・コエカ（*Braula coeca*, ミツバチシラミバエ) が知られているが, ややこしいことにこれは真のシラミではなくハエの一種である (Alfallah and Mirwan, 2018)。シラミでないものが通称として「シラミ」と呼ばれるのは仕方がないとして, それがヘギイタダニと混同されていたかどうかはわからない。

　玉利が取り上げた「蜂虱」は, 1匹のハチに十数匹寄生するとしているが, ヘギイタダニでこうしたことは通常起こらない。もし, ブラウラ・コエカなら, そういうことも起こりうる。それでも記述が不十分であることから, 玉利喜造が言う「蜂虱」がブラウラ・コエカだったのかは判然としない。少なくともヘギイタダニでなかったことは確かである。

3. 花房柳条『蜜蜂飼養法』

　花房柳条が1893（明治26）年に著した『蜜蜂飼養法』（青木嵩山堂）の145, 146ページにも「蜂虱」が言及されている。

> 蜜蜂は, 蜂虱と名くる一種の虱に罹ることあり。再三蜂の蠢動し出る巣, 及び僅に蜜を含める巣は, 此の如き悪虫を生ずることあり。然るときは, 少くも一週に一度其巣を清掃し, 毎朝蜂糞を除き去るべし。蜂虱は母蜂に噛着て動かざることあるは, 屢々実験する所なり。蓋し蜂糞より虱類, 或は他の虫を生ずることあればなり。但伝染せる蜂巣を廃却し, 蜂を取出し, 之を清潔するに非ざれば, 全く其虱を一掃すること能わず。虱の形は長円にして鉄色あり。蜂の上に煙草細末を糝布すれば之を殺すべし (第三十三図参観)。（句読点の挿入は筆者による）

　花房は「蜂虱は母蜂に噛着て動かざることあるは, 屢々実験する所なり」と書いているが, これはブラウラ・コエカが女王バチに好んで寄生することと一致する（観察によると, 女王バチには62%, 働きバチには36%, 雄バチには2%寄生していた。女王バチに10匹前後寄生することもある）。また, 「少くも一週に一度其巣を清掃し, 毎朝蜂糞を除き去るべし。(中略) 蓋し蜂糞より虱類, 或は他の虫を生ずることあればなり」とし, 発生源を「蜂糞（巣クズのことを言っているのかもしれない。ミツバチは通常巣内に糞を落とすことはしない）」としており, ブラウラ・コエカは巣クズにも産卵するため, この点も一致する (Alfallah and Mirwan, 2018)。

Fig. 247.—*Braula cœca.* ×⁶⁄₇. (After Meinert.)

図補2−1　花房が言う「蜂虱」
（出典）花房（1893：120）（国立国会
図書館所蔵）より引用（PD）

図補2−2　ブラウラ・コエカ
（出典）Sharp（1899：520）（Biodiversity
Heritage Library所蔵）より引用（PD）

　さらに，形は長円で色は鉄色としており，『蜜蜂飼養法』の121ページの図（第32
図。花房は第33図としているが，第32図の誤記）（**図補2−1**）やSharp（1899：520）
のスケッチ（**図補2−2**），昆虫学者の江崎（1926）による「ミツバチシラミバイ
は，（中略）日本に産することも知られてゐる」との記述と併せて考えるなら，花房
がしばしば実際に見たという「蜂虱」はブラウラ・コエカだった可能性が高い。こ
のこと自体は，明治時代の日本にブラウラ・コエカが持ち込まれていたことを示す
証拠として興味深いが，本書のテーマから外れるので，これ以上は検討しない。少
なくとも生態も形態もヘギイタダニとは一致しないため，花房の「蜂虱」はヘギイ
タダニではない。

4.　青柳浩次郎『蜜蜂』および『養蜂全書』

　青柳浩次郎は，前述のように小笠原から本州にミツバチを導入した人物で，日本
における近代養蜂の父とされる。青柳は，1896（明治29）年3月30日発行の『蜜蜂』
（農業社）の57ページで「蜂虱」についてヘギイタダニを想起させる記述をしてい
る。次のとおりである。

　　蜂虱なる者ある。蜂に寄生して生活し，往々一匹の蜂に数個寄生することあ
　　り。其蜂の体を歩行すること甚だ速やかなり。其繁殖多きときは，蜂群をして
　　衰弱せしむることあり。之を見出すときは，必ず捕へ殺すべし。（句読点の挿入は
　　筆者による）

　「蜂虱」は，ハチに外部寄生し，数匹寄生することもあり，速く歩くことができ，
数が多い場合は蜂群を衰弱させる，と記している。こうした特徴はヘギイタダニと

同じである。また，ヘギイタダニ以外にこのような特徴を有する寄生者はほかに知られていない。ブラウラ・コエカはミツバチのコロニーに寄生するが，蜜房のハチミツや栄養交換時の蜜などを失敬することがあるくらいで，蜂群が衰弱するほどの有害な影響を与えるとは考えられていない。玉利や花房は「蜂虱」が蜂群へ破壊的影響を及ぼすことについては記述していないが，青柳はそれを特筆している。そのようなわけで，青柳のこの記述はヘギイタダニだろうと思われるが，これだけで「蜂虱」をヘギイタダニだと同定するのは早計である。

　しかし，1904（明治37）年1月23日発行の『養蜂全書』（箱根養蜂場）の335，336ページの記述と併せて検討するなら，青柳のいう「蜂虱」は，ヘギイタダニと同定しうる寄生者であると考えられる。次のとおりである。

　　蜂虱は蜂体に寄生し，其繁殖多きときは蜂群を衰弱せしめ，又蜂王に寄生したるときは容易に離れずして，遂に衰弱せしむるものなり。其色赤銅色にして，第六十五図の如く縦二厘横三厘許りの亀甲に似たる小虫にして，裏面に六足を有し上部より之を見れば，甲下に隠れて現はるゝこと少なく，其蜂体を歩する甚だ速かなり。此虫は出房せし蜂に寄生するのみならず，幼蜂の出房前已に寄生し居ものなり。虫除法は甚だ困難なるも，蜂群を強盛ならしむるときは漸次減少するを以て，衰弱せし蜂群は他よりも働蜂を分かち与へて強盛ならしめ，或は蜜の多量を給して蜂群をして活溌ならしむべし。雄蜂の甚だ多きは此の害虫の繁殖を助くるものなれば，過多の雄蜂を生ぜしめざるを良しとす。又巣内の不潔なるは此の害虫生ぜる多ければ，常に底板を掃除して清潔にするは即ち予防の一なり。（句読点の挿入は筆者による）

　大きさは「縦二厘横三厘許り」とされている。これは縦0.6mm 横0.9mmであり，標準的なミツバチヘギイタダニの大きさの長さ約1.2mm，幅約1.7mmと比べると，「蜂虱」の体長はヘギイタダニのほぼ半分ということになる。ヘギイタダニにも個体差はあり小さな成ダニも珍しくないが，「縦二厘横三厘許り」は小さすぎるように思われる。また，脚については「裏面に六足を有し」としているがヘギイタダニの脚の数は8本であり，この点も難がある。

　もっとも，玉利や花房の先行著作が「シラミ」としていることに引きずられて8本の脚のうち中心の2本を触角と考え，脚は6本だとしたのかもしれない。実際のとこ

図補2−3　青柳浩次郎が言う「蜂虱」
（出典）青柳（1904：335）（国立国会図書館
所蔵）より引用（PD）

図補2−4　青柳浩次郎が言う「蜂虱」
（出典）青柳（1918：493）（国立国会図書館
所蔵）より引用（PD）

ろ，ヘギイタダニの第1脚は他の脚とは形状が異なっており，歩行は主に第2脚以下の6本の脚で行っている。そうした事情を考慮すると，「六足」との記述は正確な観察で，むしろヘギイタダニだった可能性が高い。

　「蜂王に寄生したるときは容易に離れずして，遂に衰弱せしむるものなり」の記述は，ブラウラ・コエカにはよく当てはまる。ヘギイタダニの場合は，女王バチへの寄生は多くはないが，重度の寄生の場合には起こることがあり，その場合の回復は難しく，当てはまらないわけではない。それでもこの記述は，当時は寄生ダニの存在は知られておらず，また，すでにブラウラ・コエカについては記述されていたため，それに引きずられて書き加えられたもののように読める。スケッチ（**図補2−3**）については，横長であることはわかるが，印刷が不鮮明ではっきりしない。

　このように青柳の記述には，一部に難はあるものの，それ以外の特徴，すなわち，色，縦横比，形状，素早さ，寄生の態様，脚が隠れて見える，出房前にすでに寄生している，雄バチが繁殖の要になっているなどの観察や，多くの雄バチが生まれないようにすることが防除に資するという，雄バチ切りを連想させる指摘は，私たちが知っているヘギイタダニそのものである。特に形態を横長に記述していることも併せると，青柳がいう「蜂虱」は，ヘギイタダニだと考えてよいだろう。

　スケッチについては1918年版のもの（**図補2−4**）を見る限り，第2，3脚の生えている部位に疑問は残るが，横長のヘギイタダニの特徴をよくとらえている。これらの特徴を有した寄生者はミツバチヘギイタダニ属のダニ以外知られていないことから，青柳の「蜂虱」はヘギイタダニ（*Varroa destructor* / Japan haplotype）であったと同定される。

　ところで，ヘギイタダニと同定されるこの「蜂虱」を青柳浩次郎が『養蜂全書』の中で報告したのは，ジャワ島のトウヨウミツバチに寄生しているダニをEdward Jacobsonがオランダのライデン動物博物館へ寄贈し，それをOudemansが新属新種

のダニ（*Varroa jacobsoni*）として報告した1904年4月よりも3か月ほど早かった（Oudemans, 1904）。

5. 北岡茂男による実況報告

　以上のとおり，日本におけるセイヨウミツバチは，遅くとも1896年までにはヘギイタダニに寄生され，苦しめられていたことがわかる。

　政府によるセイヨウミツバチの導入後も，進取の気性に富んだ農家らは，イタリアやイギリスなどから様々な品種を取り寄せてセイヨウミツバチの飼育に取り組んできた。それらはどこで飼ってもヘギイタダニの寄生を免れることはできなかったと考えられるが，現代の日本におけるセイヨウミツバチの先祖になっていることから，日本のセイヨウミツバチもヘギイタダニと安定した共生関係を築いていた時代があったことがうかがえる。

　実際のところ，青柳より後の養蜂書からは，ごく一部の例外を除き，ヘギイタダニを想起させる記述は消え，蜂虱が害虫として紹介されることもなくなってしまった。1950年代になってようやくヘギイタダニの観察例が報告され始め，1957年には，岡田と小畑がニホンミツバチの終齢幼虫に寄生しているものを撮影し，再確認するなどしたが（竹内, 2001：393-394），当時はまだ特に問題視されることはなかった。ダニの研究者である北岡（1958）は，『月刊ミツバチ』誌において，1958年に埼玉県北足立郡朝霞町（現在の朝霞市）で斎藤大治郎が発見した（干場 私信, 2021）ヘギイタダニを「新種」の寄生ダニとして次のように紹介している。

　　幅1.8mm程度の赤褐色をしたダニで1蜂の体表に附着しています。徳田博士はすでにこのダニを古くから見ておられ，岡田博士は日本蜂の幼虫に寄生し，これを殺すことを観察されています。外国からは報告されておらず，分類学的にも全く新しい種類と思われ，従つてその生態にかんしては殆ど不明ですが，余り大きな害をするものとは思われません。

　すでに1904年に青柳やOudemansが詳細に報告しているダニを「分類学的にも全く新しい種類」と認識し，その上警鐘を鳴らすどころか，「余り大きな害をするものとは思われません」と評しているあたりは，現代の観点からは随分呑気なことのように思われる。しかしこれは，ヘギイタダニがその存在すら意識されてこなかった

ということであり，印象的な大量死や翅の縮れなども起きていなかったということである。少なくともこの頃までは，日本のヘギイタダニとセイヨウミツバチは安定した共生関係を築き維持していたことがうかがえる。

　しかし1960年代後半になると事態は一変する。北岡（1968）は同誌において，1967年に西日本を中心に，突如多数の被害が生じたことを報告している。報告された地域は以下のとおりである。

　　①香川県大川郡長尾町［現在のさぬき市］3月，②岡山県津山市 6月，③京都
　　市〔京都府〕久世郡城陽町［現在の城陽市］10月，④三重県安芸郡芸濃町 11
　　月，⑤広島〔県〕三次市南畑敷町 12月，⑥宮崎県宮崎市御船町 12月，⑦岐阜
　　県安八郡神戸町 12月（〔　〕は筆者による）

続いて，北岡は次のように述べる。

　　本ダニの寄生により，③の例では160群がわずか10群にまで，④の例では173
　　群が3〜4枚の120群にまで，⑥の例では170群中の18群が全滅し，他も弱群
　　化された。アカリヤ症〔アカリンダニ症〕では蜂群が全滅させることはないの
　　で，本ダニの加害性ははるかに大きいもののように思われる。（〔　〕は筆者によ
　　る）

　以後，殺ダニ剤をはじめ，様々な防除方法が開発されたりしているが，事態は収束することなく今日に至っている。

6. 安定した共生関係が崩れたのはなぜか

　日本のセイヨウミツバチも，ロシア・沿海州のセイヨウミツバチと同様に，ヘギイタダニと安定した共生関係を築いていた時代があった。それが壊れたのは上述のとおりである。しかし，その原因について的を射た研究や考察はない。

　それでもヒントはある。同時多発的に被害が生じたということは，強毒性の系統がどこかで共有され，それが各地に持ち帰られたことを意味する。より具体的に言えば，蜂群を避暑地・避寒地，蜜源地に移動させた時に強毒性のヘギイタダニを移し合ったのである。そうでないなら，どこかの種蜂の供給者がハチとともに全国に

ばら撒いたのである。

　ダニの毒性の高さとミツバチの抵抗性の高さは様々だが，どこの地域でもそれらは均衡している。蜂群を動かさなければその中でバランスは保たれ続けるが，物流の発達と経済の発展により，蜂群の移動も活発になり，レベルの異なる寄主と寄生者が出会う機会が増え，1960年代後半になって均衡が崩れたのである。ヘギイタダニの全国的なまん延は，蜂群が全国を活発に飛び交うことで，起こるべくして起きたのである。

第8章

統合的ダニ管理

1. はじめに

「ダニ防除」といっても，ひとつの方法だけで達成することはできない。どのような方法にも欠点や弱点がある。本書で示したとおり多種多様な防除方法があるということは，裏返せばどの防除方法も決め手に欠けるということでもある。

また，同じ種類のダニであっても個体差があり，一度の治療で完全に駆除することはできない。もしそのような方法があるのなら，ミツバチまでも全滅させてしまうことだろう。

さらに，化学的防除においてすでに問題になっているように，ひとつの方法を繰り返しているとダニの抵抗性を発達させてしまう。様々な方法の長所や短所，特徴を理解し状況に合わせて適宜使い分けていく必要がある。

本章では，病害虫防除において今日主流となっている考え方を踏まえ，統合的なダニ管理について要点を整理しておくこととしたい。ここでは，アピスタンやアピバールといった合成化学物質はいわば最終兵器であり，頼りすぎは慎むべきであるが，だからと言って全面的に否定するのではなく，必要ならば柔軟に用いることも重要であるとの考えに立っている。

2. 寄生の徴候の把握と寄生率の調査

どのような防除を行うとしても，寄生率の調査がそれに先立つ。寄生率がわからないなら，適切な防除方法を選択することはできない。寄生の徴候が見られないと

しても，定期的にダニの寄生率をモニターする習慣を身につけておく必要がある。

翅が縮れた個体を見つけたり，底に落ちたヘギイタダニの死骸を発見したりしたなら，寄生率を調査しなければならない。また，徘徊行動やK字翅のハチを頻繁に見かけるようになった場合も同様である。

3. 春から初夏にかけての防除——化学的防除は適さない

ダニの寄生率は，低ければ低いほど，蜂量も採蜜量も増える傾向にある。そのため，流蜜期を控えた早春における寄生率調査は重要である。そして寄生率に応じた治療に取り組むことになる。

春から初夏にかけての時季は，基本的に薬剤などで化学的防除を行うことはできない。ハチミツなどに残留するリスクがあるからである。アピスタンは脂溶性でハチミツには溶け込まないということなっているし，アピバールは加水分解して無毒化するので，万一残留しても安全ということになっているが，その万一のことがあってはならないから，採蜜期間中である春から初夏にかけて薬剤を用いるわけにはいかない。もしどうしても使わざるをえないのなら，そのハチミツは採らずに残しておきハチの餌にするのが妥当である。チモバールやギ酸，メントール，その他精油類も，揮発してハチミツに溶け込み残留するため，流蜜期に用いるのは適切ではない。そもそもこの時季は，有蓋蜂児が多く，化学的防除の効果は高くない。

春から初夏にかけて行うのに適している防除方法は，雄バチ巣房トラップ法である。桜が咲く頃になると雄バチが作られ始め，それは夏ないし初秋まで続く。ヘギイタダニは好んで雄バチ巣房に侵入することから，7，8日ごとに雄バチ巣房をすべて除去ないし潰すのである。そうするだけでも，ヘギイタダニの繁殖を効果的に抑制することができる。この方法は，ハチミツに何かが残留するといったこともなく安全性が高く，ダニの薬剤抵抗性発達の心配もない。

この時季には，同様に温熱療法も有効である。温熱療法は，アピスタンやアピバールを必要とするような高寄生率コロニーにも十分効果を発揮する。

4. 真夏から初秋にかけての防除
——ヘギイタダニの量は最大，アカリンダニは最小

　ヘギイタダニは，繁殖のために蜂児を必要とすることから，蜂児が増加する春季から夏季に数を大幅に増やし，真夏の手前頃にピークを迎える。一方，アカリンダニは，この時季には数を減らす傾向にある。

　真夏は，女王バチの産卵が減少あるいは停止し，雄バチ蜂児だけでなく働きバチ蜂児も少なくなるため，ヘギイタダニに対して化学的防除を行うのに最適の時季である。夏は多湿であるため，水に弱いアピバールは使用に適していない。結局アピスタンを用いることとなる。一般的にアピスタンは秋に使用することが推奨されているように思われるが，秋は越冬隊である冬バチを生産する大切な時期なので，その頃に防除を始めているようでは出遅れている。採蜜はなるべく早く済ませ，可能なら7月中に，遅くとも秋が始まるまでにダニ防除を始めるのが正解である。

　一方で，チモバールやギ酸，さらにはメントールといった気化させるタイプの薬剤や化学物質の使用は適していない。なぜなら，気温が30℃を超える時期にそれらを用いるなら急激に気化し，ダニだけでなく成蜂や蜂児，女王バチまでも殺してしまうことがあるからである。そうでなくとも，逃去や産卵停止が誘発されることになる。

　ヘギイタダニの上限致死温度は，約43℃である。アカリンダニの場合はおそらく39℃から42℃の間のどこかである。幸い日本の夏は，地域にもよるが，最高気温が35℃以上の猛暑日が続き，気温が40℃を上回ることさえある。そのような時に巣箱を直射日光にさらすなら，内部温度はさらに高くなる。そこで，日がよく当たり影にならないところに養蜂箱を置くなら，ダニを蒸し焼きにすることができる。ハチたちには申し訳ないが，ミツバチの上限致死温度は約50℃なので，そのような過酷な環境に耐えてもらうことにしよう。

　真夏には，雄バチ巣房はほとんどなくなっているため，雄バチ巣房トラップ法を行うことはできない。また，夏以降に新女王バチを育成しても増群は難しく，秋になれば雄バチは巣から追い出されることになるため，わざわざ雄バチを増やす必要性は乏しい。もし雄バチ巣房が見つかるようなら，すべて除去するのが適当である。

　大切なことなので繰り返すが，この時季の防除がコロニーの帰趨を左右するといっても過言ではない。時機を逸するなら冬バチの生産に支障をきたす。採蜜は早

く済ませ，可能なら真夏になるまでに，遅くとも晩夏から初秋にかけて防除を行うべきである。

5. 秋の防除——防除を行う最後のチャンス

　秋は，越冬に必要な冬バチを生産する重要な時季である。また，アカリンダニが増加しやすい季節であるとともに，防除を行う最後のチャンスでもある。夏に防除を行っていなかったり，その効果が不十分であったりした場合には，越冬に失敗する可能性がある。そこで晩秋までに寄生率を調べ，ヘギイタダニなら15%以上の場合，アカリンダニなら60%以上の場合は，必ず治療を行わなければならない。

　気温の落ち着いている秋は，チモバールやギ酸などの気化するタイプの薬剤や化学物質を使用するのに適した時季である。その他，乳酸や糖液をスプレーで吹き付けるなどの防除を行うことができる。温熱療法を行うのにも適している。一方で，雄バチ巣房トラップ法は適していない。

　なお，日本の一般的な養蜂書は，弱群は越冬が困難なため，女王バチを処分し強群と合同するよう指南している。しかし，むやみに群れの合同を行うとヘギイタダニやアカリンダニを持ち込むことになるので，なるべくなら行うべきではない。どうしても必要なら，ダニがいないことを確認してから行うべきである。強群にわざわざ火種を持ち込む理由は微塵もないし，そもそもダニに滅ぼされるような弱群は，強毒性のダニとともに滅びるべきである。

6. 冬の防除——アピバールか乳酸を用いる

　冬は有蓋蜂児が少ないことから，化学的防除が効果を発揮しやすい。

　アピスタンの連続使用を避ける都合上，また冬は湿度が低いことから，アピバールを用いて防除を行うのが適当である。

　一方で，ギ酸やチモバール，メントールは気温が低く十分気化しないため使用には適していない。雄バチ巣房トラップ法も，雄バチが作られないため実践できない。糖液噴霧法も効果は上がらない。

　もっとも，乳酸は低温下でも効果は失われない（Kraus and Berg, 1994）。有蓋蜂児が少ないことから，シュウ酸も効果的である。

7. コロニー間感染と一斉防除の必要性

普段からダニ防除を徹底していないのなら，養蜂場のすべてのコロニーに同時に防除を行う必要がある。ミツバチは自分の巣を覚えていると言うが，現実に誤帰巣は多い。隣の巣箱に迷い込むことは日常茶飯事である。「養蜂場」という集約的蜂群管理システムは，ダニの移し合いの場になっているのである。

一般的な解説書では，各コロニーには「門衛」がおり，体表の「匂い」で入ろうとするハチを区別し他のコロニーのハチを排除している，と説明されているが，実際は非常に寛容で，迷いバチをコロニーの一員として迎え入れることはよくある。盗蜜の場合を除いて，迷いバチのために「喧嘩」が発生することはほぼない。このような迷いバチは，ダニの水平感染の原因になる。

水平感染を防ぐには，箱の置き方にも留意する必要がある。養蜂箱を同じ方向に向けて26cm間隔で並べた場合，最大42±6％の働きバチが迷い込むという報告もある（Pfeiffer and Crailsheim, 1998）。イタリアミツバチの場合，誤帰巣を減らすには，巣箱は同じ方向に向けずに，十字に4方向を向くように置く（Adam, 1987：65）。やむなく同じ方向を向けて並べる場合は，3m以上離して置く。

晩秋など周辺の蜜源環境が厳しい時期になると，他のコロニーのハチミツを奪う盗蜜行動が活発化するが，狙われるのは数が少なく勢いの弱いコロニーである。そのような衰退したコロニーは多かれ少なかれダニの寄生率が高く，そこに押し入った働きバチは，ハチミツだけでなくダニをも持ち帰ることになる。このようなダニがついたハチはコロニー間の水平感染を助長しており，仮に治療を徹底し完全な清浄群を作ることに成功したとしても，またたく間にダニが「湧いてくる」ことになる。たとえば，盗蜜が多い秋は，感染群が200m離れている場合でも1日に75.6匹ものヘギイタダニを連れて帰ることがある（Greatti et al., 1992b）。

特に問題となるのは，ヘギイタダニによって崩壊させられたコロニーである。そのようなコロニーは文字どおりヘギイタダニの巣窟になっており「バロア・ボム（ダニ爆弾）」と呼ばれている。蜂群崩壊時には，コロニーを放棄した働きバチはヘギイタダニとともに他所へ鞍替えし，また巣のハチミツは近隣の盗蜜のターゲットになるため，爆弾が炸裂したかのように周囲のコロニーにヘギイタダニが移動することになる（Peck and Seeley, 2019）。

同じ理由で，養蜂場などに「集合給餌場」を設けて砂糖水給餌を行ってはならな

い。これは防除を台無しにしてしまうため、改められねばならない悪しき慣習である。「集合給餌場」に砂糖水を注げば、採餌バチは目ざとくそれを見つけ、そこは瞬く間にハチの山となる。その盛況ぶりは早い者勝ちのバーゲンセールを彷彿させるほどだが、ハチは戦利品の砂糖水以外にも、他の群れのダニまで持ち帰ることになる。砂糖水給餌を行う時は、横着せずに群れごとに行わなければならない。

　ほかにも、ヘギイタダニのコロニー間感染は、ハチの採餌中に花に降りたヘギイタダニが新たに訪花した他のコロニーのハチに乗り換えることによって起きている可能性がある。そのような再便乗を野外で実際に見たという人はおそらくいないが、花弁に落ちているヘギイタダニが発見されることはある。実験では、花に模した給餌器の上に置いたヘギイタダニの84％が、花では95％が、採餌に来たミツバチに便乗することができた（Peck et al., 2016）。このようなアクロバティックな方法での感染拡大は、誤帰巣や盗蜜と比べるなら緩やかなものだろうが、ヘギイタダニの水平感染の機会はいたるところにある。

　なお、ダニの寄生率の低いコロニーまで化学的防除を施す必要はないが、寄生率をモニターしていないなら、予防的に養蜂場のすべてのコロニーを防除しなければならない。

8. 清浄群の作り方

　ヘギイタダニがほとんどいないコロニーを作ることはそれほど難しいことではない。蜂児巣枠を取り除き、あるいは真冬や真夏の産卵停止期間中に、殺ダニ剤を数日投与することで、「ほぼ清浄群」にすることができる。コロニーの世代構成が年少世代がいない歪なものになるが、ハチは柔軟に対応するため、蜂群の拡大が一時的に止まること以外に特に問題になることはない。

9. おわりに──ダニ抵抗性群の選抜と保存

　防除は、突如襲ってきた災厄に対する一時凌ぎの策である。それは決して最終的な解決策ではない（Adam, 1983:26）。そもそもヘギイタダニもアカリンダニも根絶することはできないのだから、いずれは安定した共生関係を築かなければならない。また、そうすることは、将来新たな疫病に見舞われた際に、首尾よく対応でき

る可能性につながる。

　そのような素質を持った系統を選抜するには，サバイバルテストを行うのがよい。方法は，驚くほど簡単である。治療せずに放っておくのである。数年後に生き残っていれば，それがダニ抵抗性を有するミツバチ，少なくともダニと平衡状態にあるミツバチである。もし数年も待てないのなら，ダニを導入することで結果を早く出すことができる。

　なお，ダニは迷いバチや盗蜜行動などによっても広まるので，サバイバルテスト中のダニ抵抗性候補群は，養蜂場から離れたどこかにおいて経過を見守るようにする必要がある。

　サバイバルテストのような過激な方法を採らない場合でも，蜂量が増えず病気がちで蜜も貯まらない系統は，子孫を残さないようにして断絶させるのがよい。内検時には雄バチ巣房を徹底的に除去して一匹たりとも雄バチを羽化させないようにし，可能なら女王バチの更新も必要である。また，ダニ抵抗性系統がどこかで発見されたなら，それとの交配育種を試みてもよいだろう。

養蜂の未来

1. 新たな脅威・ミツバチトゲダニ

　今，ヘギイタダニとアカリンダニに続く第3のダニが，ミツバチに有害な影響を及ぼしつつある。トゲダニ科ミツバチトゲダニ属のダニ（*Tropilaelaps spp.*）である。そのうち，主にトロピラエラプス・メルセデサエ（*Tropilaelaps mercedesae*）とトロピラエラプス・クラレアエ（*Tropilaelaps clareae*）（以下，ミツバチトゲダニ）が，破壊的な影響を及ぼす（**図終－1**）。

　このダニは，色は赤茶色で，一見ヘギイタダニと同じである。しかし，大きさはヘギイタダニの1/3くらいで，横長ではなく縦長であるところが異なる。いずれもトゲダニ科のため，生態や繁殖行動において共通点は多い。寄主はオオミツバチ（*Apis dorsata*）であるが，トウヨウミツバチにも寄生している。またセイヨウミツバチにも寄生することができる。このダニにセイヨウミツバチが寄生されると，ヘギイタダニの場合と同じく適切に対処することができず，蜂児死や成蜂の縮れ翅などの症状を呈し，コロニーは壊滅することになる。ミツバチトゲダニの有害性は，ヘギイタダニと変わらないほど重大である（de Guzman *et al.*, 2017）。

　ミツバチトゲダニは，熱帯のアジ

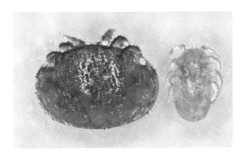

図終－1　ヘギイタダニとミツバチトゲダニ
右がミツバチトゲダニ。大きさはヘギイタダニの1/3くらいで，縦長である。
（出典）I.B. Smith Jr.（USDA-BRL）（PD）

アに棲息するダニである。日本にはまだ上陸していないようであるが，すでに台湾（1971年）や中国（1988年），韓国（1992年）には侵入を果たしている（Woo and Lee, 1997）。いずれミツバチトゲダニも日本にやってくることだろう。これまでと同じ発想に立てば，殺ダニ剤による対処や新薬の開発が求められるのであろうが，果たしてそれでよいのだろうか。

2. 薬漬けのミツバチ

　これまで，ミツバチの生来的能力を伸ばすことは後回しにし，人間が手助けすることでダニ問題を克服する方法が模索されてきた。しかし，そのような問題の先送りは，ミツバチの能力を弱め，ダニを強くするものであった。これは，ミツバチにとって余計なお世話だったのかもしれない。否，裏切りだったのかもしれない。

　家畜の成れの果てであるカイコ（*Bombyx mori*）について考えてみよう。野生のクワコから家畜化されたカイコは，もはや飛ぶことも餌を探すこともできず，交配を自ら終えることさえできない（そのため人の手で結合を解除し「割愛」する）。未来のミツバチは，一体どのような姿をしているのだろうか。

　ここで，ひとまず人類の都合はおいておき，ミツバチの側に立って考えることにしよう。化学的防除が主流の現在，ミツバチは1年のうち3〜4か月，あるいはそれ以上の期間，薬漬けにされている。将来，薬の種類が増えれば，この期間はますます伸びることになる。そうした薬剤のミツバチへの影響は，「認められない」あるいは「小さい」とされているが，それは単回の治療が及ぼす影響についてのものである。他の薬剤との複合作用については公表されていない。

　働きバチの寿命は短いので，生きているうちに化学物質にさらされるのは1度か2度くらいだろうが，1年以上生きる女王バチはそれだけに留まらない。現在，数年生きるはずの女王バチが短命化しているが，その生涯に何度も化学物質にさらされるのだから無理もないことである。ヒトと比べても意味は乏しいが，ヒトでさえそのような劣悪な環境におかれて長く生きてはいけないだろう。有機養蜂を慫慂するわけではないが，もう少しマイルドな方法があってもよいのではないか。ただでさえ日々農薬にさらされているのだから。

　薬剤をだましだまし使って，ひ弱な系統を存続させていては，いつまで経っても薬漬けから抜け出せない。それどころかカイコの後を追う未来しかない。実際のと

ころ，徹底したダニ防除によって，本来淘汰されていたはずの適応能力の不十分な遺伝子が残り，周辺の集団の足を引っ張ることになった。このようなことを繰り返していれば，ますます強力な防除方法が必要になり，悪循環に陥ることになる。

ダニに打ち勝った系統は，それ由来の病気だけでなくそれ以外の疫病にも対応できるようになるだろう。この試練を，ミツバチはいつか乗り越えなければならない。動物用医薬品のメーカーや代理店には申し訳ないが，薬を必要としないダニ抵抗性の高い系統こそが求められる。

3. 共生者としてのダニ

ダニを完全に滅ぼすことはできない。そうであれば，ミツバチが永続していくためには，究極的には寄主であるミツバチが抵抗性を高め，寄生者であるダニと安定的な共生関係を築くようになることが必要である。現代の養蜂に関わる者は，そのような視点を持つべきであろう。

ところで，そもそもダニはミツバチの敵なのだろうか。今のところ，ヘギイタダニもアカリンダニも，その寄生はミツバチにとって不利益であり，それが何かの役に立っているということはない。

ウイルスの媒介者としてのヘギイタダニは，ミツバチに有害なものも含め，様々なウイルスを伝えている。その影に隠れて伝わっている何かは，ミツバチのDNAに書き加わり，飛躍の原動力になることがあるかもしれない。

ほかにも，バロア・ボム（167ページ）は，盗蜂行動に対するカウンター効果があるため，種内競争の激化を抑制する因子になる可能性がある。開発などで環境が悪化し種間競争が激しさを増す中，種内競争に明け暮れていては共倒れするだけである。

逆説的であるが，ダニは一定の域に達していない弱い系統を滅ぼすことで，ミツバチの適応力を強めているのは確かである。

結果として，ダニがミツバチの「恩ダニ」になる未来もあるかもしれない。

4. 反省を迫られる近代養蜂技術

現代の養蜂は，素朴な工夫から先端的な科学技術まで幅広い人類の叡智によって

支えられている。そのおかげで私たちは数々の恩恵にあずかっているが，果たしてそれは叡智だったのだろうか。むしろ浅知恵だったのではないだろうか。

ミツバチは決して工業部品ではなく歴とした生命である。病気になったからと言って薬品をかければ治るようなものではない。そのような生命に対する敬意のなさが，ミツバチを滅びへと追いやっているのではないか。

人類が，他の動物とパートナーシップを結ぶことはありふれているため，生き物を飼うことを気安く考えてしまうのも無理はないが，そうすることが当の生物に与える影響は想像以上に大きい。たとえば，現在ミツバチの飼育は，養蜂場で集約的に行うのが普通であり，そのことに疑問を差し挟む者は皆無であるが，そんな何の変哲もないような「養蜂技術」でさえ，ダニを強め，ミツバチを弱めている。

再考を迫られる現代の養蜂技術は少なくない。たとえば，内検時に王台を除去することは分蜂を阻止するための当たり前の作業となっている。分蜂できないことでコロニーは徐々に拡大していき，結果的に5，6万匹を擁する巨大なコロニーが出来上がる。このようなコロニーは非常に活発で，ハチミツの収穫量も多くなるため，この王台除去は基本的な養蜂技術のひとつとされている。

しかし，このような巨大なコロニーは，ハチも多いがダニも多い。ハチの密度が高いため感染症リスクが高く，危険な状態になっている。天然のコロニーは通常ここまで巨大化することはない。せいぜい2万匹，すなわち10枚箱1箱程度の規模にしかならない。人為的に王台を潰し続けてできた巨大なコロニーは，いわばフォアグラのガチョウ，霜降りのウシである。

大自然のメカニズムに逆らう余計なこととして，弱群の救済的合同や人工授精技術がある。前者は，本来弱群とともに滅びるはずだった強力なヘギイタダニを存続させることになっており，後者は，血縁度を高めるよりもむしろ遺伝的多様性を保つことで全天候型の強いコロニーを作ろうとするミツバチの生存戦略を妨げている。

このほかにも，人間の観点からは合理的に思える養蜂技術が，かえってミツバチの未来を奪っていることもある。現代の養蜂のあり方は再考の必要がある。

5. 日本でもサバイバルテストを

本書では，様々なサバイバルテストを紹介した。それらを今一度振り返ってみよう（**表終−1**）。

表終－1 本書で取り上げたサバイバルテストのまとめ

場所	期間（年/月）	元の群数	生存群数	生存率	種類
アメリカ合衆国 フロリダ州	1990/7～ 1992/6	60群 20群	3群 全滅	5.0% 0.0%	カルニオラミツバチ 黄色のセイヨウミツバチ
アメリカ合衆国 フロリダ州	1991/8～ 1992/8	30群 10群	1群 1群	3.3% 10.0%	カルニオラミツバチ 黄色のセイヨウミツバチ
アメリカ合衆国 ルイジアナ州	1998/6～ 1999/7	22群 22群	19群 全滅	86.4% 0.0%	ロシアミツバチ 黄色のセイヨウミツバチ
フランス	1993/10～ 1994/10	9群 9群	7群 1群	77.8% 11.1%	チュニジアミツバチ カルニオラミツバチ
フランス	1994～2005 1999～2005	12群 82群	5群 37群	41.7% 45.1%	バロア生存バチ バロア生存バチ
スウェーデン	1999～2005	150群	13群	8.7%	セイヨウミツバチ
アメリカ合衆国 ニューヨーク州 アーノットの森	不明（1987～ 2010のいつか）	不明	推定 3, 4群	－	セイヨウミツバチ

（筆者作成）

　改めて見直しても凄まじい。絶滅寸前の惨状である。それでも，ヘギイタダニに寄生されながらも，生き残った野生のミツバチも少数ながら存在する。多くの事例から，必ずしも化学的防除や物理的防除を施さなくても，セイヨウミツバチも存続しうることがわかる。これはありふれた自然選択のメカニズムであり，これによって種は抵抗性を発達させ，適応性を増していく。

　結局のところ，生物は大流行する疫病に対しては為す術もなく大幅に数を減らすことになるが，一部は生き残り，疫病に対して一定の抵抗性を発達させる。そのため，生存と存続を阻むような問題は，このような自然のメカニズムに委ねるのが，最もシンプルかつ確実な方法である。

　そもそも，寄生者を根絶することは不可能である。それにもかかわらず，自然に逆らって様々な薬剤を投与し抵抗性の乏しい系統を残し続けることは，問題の先送りでしかない。それどころか，抵抗性遺伝子を埋没させることにつながり，種の抵抗力や適応能力を弱めてしまうことになる。その行き着く先は，改めて言うまでもないだろう。

　今の日本の養蜂家が取り組むべき課題は，サバイバルテストである。ミツバチが存続していくためには，一旦リセットする覚悟で，蜂群がダニに滅ぼされるに任

せ，抵抗性を有する系統を選抜し，寄生者との共生関係を安定化させるのが，長い目で見て最も安価で近道である。具体的にそれは，各地域で行うことになるだろう。地域によって気候も蜜源状況も生物相も異なるからである。それぞれの地域で，その傾向に最適化されたダニ抵抗性系統が選抜され，それが種蜂としてその地域に供給されるようになれば，寄主と寄生者の均衡は保たれ，ダニ問題に悩まされることなく，持続可能な養蜂は実現することだろう。

参考文献一覧

Aamidor, S. E., B. Yagound, I. Ronai and B. P. Oldroyd (2018). Sex mosaics in the honeybee: how haplodiploidy makes possible the evolution of novel forms of reproduction in social Hymenoptera, *Biology Letters*, 14(11):20180670

Abdel-Rahman, M. F. and Rateb, S. H. (2011). Evaluation of lemon juice for controlling *Varroa destructor* in honeybee colonies. https://www.buzzaboutbees.net/support-files/lemon-juice-to-counteract-varroa.pdf (2020-11-3)

Abou-Shaara, H. F., M. Staron and T. Čermáková (2016). Impacts of intensive dusting or spraying with Varroa control materials on honey bee workers and drones. *Journal of Apiculture*, 31(2):113-119

Abou-Shaara, H. F. (2017). Using safe materials to control *Varroa* mites with studying grooming behavior of honey bees and morphology of *Varroa* over winter. *Annals of Agricultural Sciences*, 62(2):205-210

Adam, B. (1983). *In search of the best strains of bees.* Northern bee books, 206p.

Adam, B. (1987). *Breeding the honeybee: a contribution to the science of bee-breeding.* Northern bee books, 118p.

Alfallah, H. M. and Mirwan, H. B. (2018). The Story of Braula Coeca (Bee Lice) in Honeybee Colonies Apis Mellifera L. in Libya. *International Journal of Research in Agricultural Sciences*, 5(1) (Online):2348-3997

Aliano, N. P. and Ellis, M. D. (2005). A strategy for using powdered sugar to reduce varroa populations in honeybee colonies. *Journal of Apicultural Research*, 44(2):54-57

Aliano, N. P., M. D. Ellis and B. D. Siegfried (2006). Acute contact toxicity of oxalic acid to *Varroa destructor* (Acari: Varroidae) and their *Apis mellifera* (Hymenoptera: Apidae) hosts in laboratory bioassays. *Journal of Economic Entomology*, 99(5):1579-1582

Anderson, D. L. and Trueman, J. W. H. (2000). *Varroa jacobsoni* (Acari: Varroidae) is more than one species. *Experimental and Applied Acarology*, 24(3):165-189

Anguiano-Baez, R., E. Guzman-Novoa, M. Md. Hamiduzzaman, L. G. Espinosa-Montaño and A. Correa-Benítez (2016). *Varroa destructor* (Mesostigmata: Varroidae) parasitism and climate differentially influence the prevalence, levels, and overt infections of deformed wing virus in honey bees (Hymenoptera: Apidae). *Journal of Insect Science*, 16(1):44

Anonymous (1987). *Varroa* mites found in the United States. *American Bee Journal*, 127:745-746

Aumeier, P. (2001). Bioassay for grooming effectiveness towards *Varroa destructor* mites in Africanized and Carniolan honey bees. *Apidologie*, 32(1):81-90

Bailey, L. (1958). The epidemiology of the infestation of the honeybee, *Apis mellifera* L., by the mite *Acarapis woodi* Rennie and the mortality of infested bees. *Parasitology*, 48(3-4):493-506

Bailey, L. (1961) The natural incidence of *Acarapis woodi* (Rennie) and the winter mortality of honeybee colonies. *Bee World*, 42(4):96-100

Balint, A., Gh. Dărăbuș, I. Oprescu, S. Morariu, N. Mederle, M. S. Ilie, K. Imre, I. Hotea, D. Indre, D. Sorescu, M. Imre and D. Popovici (2010). *In Vitro* effectiveness study of some acaricides substances used in the *Varroa destructor* mite control. *Lucrări Ştiinţifice Medicină Veterinară*, 43(1):45-48

Bermejo, D. V., I. Angelov, R. P. Stateva, M. R. García-Risco, G. Reglero, E. Ibañez and T. Fornari (2015). Extraction of thymol from different varieties of thyme plants using green solvents. *Journal of the Science of Food and Agriculture*, 95(14):2901-2907

Bičík, V., J. Vagera and H. Sádovská (2016). The effectiveness of thermotherapy in the elimination of *Varroa destructor*. *Acta Musei Silesiae, Scientiae Naturales*, 65(3):263-269

Bisht D. S., N. C. Pant and K. N. Mehrotra (1979). Temperature regulation by Indian honey bee, *Apis cerana* indica, Indian J. *Entomol*, 41(4):303-310

Bogdanov, S., A. Imdorf and V. Kilchenmann (1998). Residues in wax and honey after Apilife VAR® treatment. *Apidologie*, 29(6):513-524

Bogdanov, S., V. Kilchenmann, P. Fluri, U. Buhler and P. Lavanchy (1999). Influence of organic acids and components of essential oils on honey taste. *American Bee Journal*, 139(1):61-66 (1999)

Bogdanov, S., J. D. Charrière, A. Imdorf, V. Kilchenmann and P. Fluri (2002). Determination of residues in honey after treatments with formic and oxalic acid under field conditions. *Apidologie*, 33(4):399-409

Boot, W. J., J. Schoenmaker, J. N. M. Calis and J. Beetsma (1995). Invasion of *Varroa jacobsoni* into drone brood cells of the honey bee, *Apis mellifera*. *Apidologie* 26(2):109-118

Boot, W. J., N. Q. Tan, P. C. Dien, L. V. Huan, N. V. Dung, L. T. Long and J. Beetsma (1997). Reproductive success of *Varroa jacobsoni* in brood of its original host, *Apis cerana*, in comparison to that of its new host, *A. mellifera* (Hymenoptera: Apidae). *Bulletin of Entomological Research*, 87(2):119-126

Borneck, R. and Merle, B. (1990). Experiments with Apistan in 1988. *Apiacta*, 25(1):15-24

Bourgeois, A. L., J. D. Villa, B. Holloway, R. G. Danka and T. E. Rinderer (2015). Molecular genetic analysis of tracheal mite resistance in honey bees. *Journal of Apicultural Research*, 54(4):314-320

Büchler R., W. Drescher and I. Tornier (1992). Grooming behaviour of *Apis cerana*, *Apis mellifera* and *Apis dorsata* and its effect on the parasitic mites *Varroa jacobsoni* and *Tropilaelaps clareae*. *Experimental and Applied Acarology*, 16:313-319

Cabras, P., I. Floris, V. L. Garau, M. Melis and R. Prota (1997). Fluvalinate content of Apistan® strips during treatment and efficacy in colonies containing sealed worker brood. *Apidologie*, 28(2):91-96

Calderone, N. W., W. T. Wilson and M. Spivak (1997). Plant Extracts Used for Control of the Parasitic Mites *Varroa jacobsoni* (Acari: Varroidae) and *Acarapis woodi* (Acari: Tarsonemidae) in Colonies of *Apis mellifera* (Hymenoptera: Apidae). *Journal of Economic Entomology*, 90(5):1080-1086

Calderone, N. W. (2000). Effective fall treatment of *Varroa jacobsoni* (Acari: Varroidae) with a new formulation of formic acid in colonies of *Apis mellifera* (Hymenoptera: Apidae) in the northeastern United States. *Journal of Economic Entomology*, 93(4):1065-1075

Capolongo, F., A. Baggio, R. Piro, A. Schivo, F. Mutinelli, A. G. Sabatini, R. Colombo, G. L. Marcazzan, S. Massi and A. Nanetti. (1996). Trattamento della varroasi con acido formico: accumulo nel miele e influenza sulle sue caratteristiche. *Ape Nostra Amica*, 18(6):4-11

Coffey, M. F., J. Breen, M. J. F. Brown and J. B. McMullan (2010). Brood-cell size has no influence on the population dynamics of *Varroa destructor* mites in the native western honey bee, *Apis mellifera mellifera*. *Apidologie*, 41(5):522-530

Coffey, M. F. and Breen, J. (2013). Efficacy of Apilife Var® and Thymovar® against *Varroa destructor* as an autumn treatment in a cool climate. *Journal of Apicultural Research*, 52(5):210-218

Collet, T., K. M. Ferreira, M. C. Arias, A. E. E. Soares and M. A. D. Lama (2006). Genetic structure of Africanized honeybee populations (*Apis mellifera* L.) from Brazil and Uruguay viewed through mitochondrial DNA COI–COII patterns. *Heredity*, 97(5):329-335

Cornelissen, B., J. Donders, P. van Stratum, T. Blacquière and C. van Dooremalen (2012). Queen survival and oxalic acid residues in sugar stores after summer application against *Varroa destructor* in honey bees (*Apis mellifera*). *Journal of Apicultural Research*, 51(3):271-276

Crane, E. (1978). The *Varroa* mite. *Bee World*, 59:164-167

Currie, R. and Gatien, P. (2006). Timing acaricide treatments to prevent *Varroa destructor* (Acari: Varroidae) from causing economic damage to honey bee colonies. *The Canadian Entomologist*, 138(2):238-252

Currie, R. W. and Tahmasbi, G. H. (2008). The ability of high- and low-grooming lines of honey bees to remove the parasitic mite *Varroa destructor* is affected by environmental conditions. *Canadian Journal of Zoology*, 86(9):1059-1067

Davies, T., L. Field, P. Usherwood and M. Williamson (2007). DDT, pyrethrins, pyrethroids and insect sodium channels. *IUBMB Life*, 59(3):151-162

de Guzman, L. I., T. E. Rinderer, G. T. Delatte and R. E. Macchiavelli (1996). *Varroa jacobsoni* Oudemans tolerance in selected stocks of *Apis mellifera* L. *Apidologie*, 27(4):193-210

de Guzman, L. I., T. E. Rinderer, G. T. Delatte, J. A. Stelzer, L. Beaman and V. Kuzenetsov (2006). Resistance to *Acarapis woodi* by honey bees from far-eastern Russia, *Apidologie*, 33(4):411-415

de Guzman, L. I., G. R. Williams, K. Khongphinitbunjong and P. Chantawannakul (2017).

Ecology, Life History, and Management of Tropilaelaps Mites. *Journal of Economic Entomology*, 110(2):319-332

De Jong, D., R. A. Morse and G. C. Eickwort (1982). Mite pests of honey bees. *Annual Review of Entomology*, 27(1):229-252

De Jong, D., Lionel S. Gonçalves and R. A. Morse (1984). Dependence on climate of the virulence of *Varroa Jacobsoni. Bee World*, 65(3):117-121

de Miranda, J. R. and Genersch, E. (2010). Deformed wing virus. *Journal of Invertebrate Pathology*, 103 Suppl 1:48-61

de Miranda, J. R., L. Bailey, B. V. Ball, P. Blanchard, G. E. Budge, N. Chejanovsky, Y. P. Chen, L. Gauthier, E. Genersch, D. C. de Graaf, M. Ribière, E. Ryabov, L. De Smet and J. J. M. van der Steen (2013). Standard methods for virus research in *Apis mellifera. Journal of Apicultural Research*, 52(4):1-56

Donzé, G. and Guerin, P. M. (1994). Behavioral attributes and parental care of *Varroa* mites parasitizing honeybee brood. *Behavioral Ecology and Sociobiology*, 34(5):305-319

Ellis, A. M., G. W. Hayes and J. D. Ellis (2009). The efficacy of small cell foundation as a varroa mite (*Varroa destructor*) control. *Experimental and Applied Acarology*, 47(4):311-316

Ellis, J. D. and Ellis, A. (2009). African honey bee, Africanized honey bee, killer bee, *Apis mellifera scutellata* Lepeletier (Insecta: Hymenoptera: Apidae). EDIS, 2009 (2)

Ellis, M. D. and Macedo, P. A. (2001). Using the sugar roll technique to detect Varroa mites in honey bee colonies. *Historical Materials from University of Nebraska-Lincoln Extension*, 1173

Elzen, P. J., J. R. Baxter, M. Spivak and W. T. Wilson (2000a). Control of *Varroa jacobsoni* Oud. resistant to fluvalinate and amitraz using coumaphos. *Apidologie*, 31(3):437-441

Elzen, P. J., J. R. Baxter, G. W. Elzen, R. Rivera and W. T. Wilson (2000b). Evaluation of grapefruit essential oils for controlling *Varroa jacobsoni* and *Acarapis woodi. American Bee Journal*, 140(8):666-668

Evans, P. D. and Gee, J. D. (1980). Action of formamidine pesticides on octopamine Receptors. *Nature*, 287:60-62.

Faita, M. R., R. M. M. C. Carvalho, V. V. Alves-junior and J. Chaud-netto (2014). Defensive behavior of africanized honeybees (Hymenoptera: Apidae) in Dourados-Mato Grosso do Sul, Brazil. *Revista Colombiana de Entomología*, 40(2)

Frazier, M. T., J. Finley, W. L. Harkness and E. G. Rajotte (2000). A Sequential Sampling Scheme for Detecting Infestation Levels of Tracheal Mites (Heterostigmata: Tarsonemidae) in Honey Bee (Hymenoptera: Apidae) Colonies. *Journal of Economic Entomology*, 93(3):551-558

Freitas, B. M., R. M. Sousa and I. G. A. Bomfim (2007). Absconding and migratory behaviors of feral Africanized honey bee (*Apis mellifera* L.) colonies in NE Brazil. *Acta Scientiarum Biological Sciences*, 29(4):381-385

Fries, I., W. Huazhen, S. Wei and C. S. Jin (1996). Grooming behavior and damaged mites

(*Varroa jacobsoni*) in *Apis cerana cerana* and *Apis mellifera ligustica*. *Apidologie*, 27(1):3-11

Fries, I., R. Martín, A. Meana, P. García-Palencia and M. Higes (2006a). Natural infections of *Nosema ceranae* in European honey bees. *Journal of Apicultural Research*, 45(4):230-233

Fries, I., A. Imdorf and P. Rosenkranz (2006b). Survival of mite infested (*Varroa destructor*) honey bee (*Apis mellifera*) colonies in a Nordic climate. *Apidologie*, 37(5):564-570

Frilli, F., N. Milani, R. Barbattini, M. Greatti, F. Chiesa, M. Iob, M. D'Agaro, R. Prota and I. Floris (1991). The effectiveness of various acaricides in the control of *Varroa jacobsoni* and their tolerance by honey bees. *Proceedings of The Current State and Development of Research in Apiculture*, 29(25-26):59-77

Fuchs, S. (1990). Preference for drone brood cells by *Varroa jacobsoni* Oud in colonies of *Apis mellifera carnica*. *Apidologie* 21(3):193-199

Gerula, D., B. Panasiuk, M. Bieńkowska and P. Węgrzynowicz (2018). Balling behavior of workers toward honey bee queens returning from mating flights. *Journal of Apicultural Science*, 62(2):247-256

Girişgin, A. O. and Aydın, L. (2010). Efficacies of formic, oxalic and lactic acids against *Varroa destructor* in naturally infested honeybee (*Apis mellifera* L.) colonies in Turkey. *Kafkas Üniversitesi Veteriner Fakültesi Dergisi*, 16(6):941-945

Gisder, S., P. Aumeier and E. Genersch (2009). Deformed wing virus: replication and viral load in mites (*Varroa destructor*). *Journal of General Virology*, 90(Pt 2):463-467

Greatti, M., M. Iob, R. Barbattini and M. D'Agaro (1992a). Effectiveness of spring treatments with lactic acid and formic acid against *Varroa jacobsoni* Oud. *Apicoltore Moderno*, 83(2):49-58

Greatti, M., N. Milani and F. Nazzi (1992b). Reinfestation of an acaricide-treated apiary by *Varroa jacobsoni* Oud. *Experimental and Applied Acarology*, 16:279-286

Gregorc, A. and Planinc, I. (2002). The control of *Varroa destructor* using oxalic acid. *The Veterinary Journa*l, 163(3):306-310

Gregorc, A., A. Pogacnik and I. Bowen (2004). Cell death in honeybee (*Apis mellifera*) larvae treated with oxalic or formic acid. *Apidologie*, 35(5):453-460

Guerra Jr., J. C. V., L. S. Gonçalves and D. De Jong (2000). Africanized honey bees (*Apis mellifera* L.) are more efficient at removing worker brood artificially infested with the parasitic mite *Varroa jacobsoni* Oudemans than are Italian bees or Italian/Africanized hybrids. *Genetics and Molecular Biology*, 23(1):89-92

Hansen, H. and Guldborg, M. (1988). Residues in honey and wax after treatment of bee colonies with formic acid. *Tidsskrift for Planteavl*, 92(1):7-10

Harbo, J. R. (1993). Field and laboratory tests that associate heat with mortality of tracheal mites. *Journal of Apicultural Research*, 32(3-4):159-165

Hatjina, F., A. Gregorc, C. Papaefthimiou, N. Pappas, S. Zacharioudakis, A. Thrasyvoulou and G. Theophilidis (2004). Differences in the morphology of prothoracic and propodeal spiracles in three strains of *Apis mellifera*: Possible relation to resistance against *Acarapis woodi* R. *Journal of Apicultural Research*, 43(3):105-113

Higes, M., R. M. Hernández and A. Meana (2005). Effectiveness of organic acids in *Varroa* (Acarina: Varroidae) mite control. http://bibliotecavirtual.ranf.com/es/catalogo_ imagenes/grupo.cmd?path=1001731 (2020-11-3)

Higes, P. M., R. M. Suarez and J. Llorente (1997). Comparative field trials of *Varroa* mite control with different components of essential oils (thymol, menthol and camphor), Res. Rev. *Parasitol.* 57:21-54

Hillesheim, E., W. Ritter and D. Bassand (1996). First data on resistance mechanisms of *Varroa jacobsoni* (OUD.) against tau-fluvalinate. *Experimental and Applied Acarology*, 20:283-296

Hood, Wm. M. and McCreadie, J. W. (2001). Field tests of the varroa treatment device using formic acid to control *Varroa destructor* and *Acarapis woodi*. *Journal of Agriculture and Urban Entomology*, 18(2):87-96

Huang, Z. Y. (2001). Mite zapper - A new and effective method for Varroa mite control. *American Bee Journal*, 141(10):730-732

Ifantidis, M. D. (1983). Ontogenesis of the mite *Varroa jacobsoni* in worker and drone honeybee brood cells. *Journal of Apicultural Research*, 22(3):200-206

Imdorf, A., S. Bogdanov, R. I. Ochoa and N. W. Calderone (1999). Use of essential oils for the control of *Varroa jacobsoni* Oud. in honey bee colonies. *Apidologie*, 30(2-3):209-228

James, R. and Zengzhi, L. (2012). Chapter 12 - From Silkworms to Bees: Diseases of Beneficial Insects. in Fernando E. Vega and Harry K. Kaya (eds.), *Insect Pathology (Second Edition)*. Academic Press, 446-447

Jensen, A. B., K. A. Palmer, N. Chaline, N. E. Raine, A. Tofilski, S. J. Martin, B. V. Pedersen, J. J. Boomsma and F. L. W. Ratnieks (2005). Quantifying honey bee mating range and isolation in semi-isolated valleys by DNA microsatellite paternity analysis. *Conservation Genetics*, 6:527-537

Kablau, A., S. Berg, S. Härtel and R. Scheiner (2019). Hyperthermia treatment can kill immature and adult *Varroa destructor* mites without reducing drone fertility. *Apidologie*, 51(1):307-315

Kablau, A., S. Berg, B. Rutschmann and R. Scheiner (2020). Short-term hyperthermia at larval age reduces sucrose responsiveness of adult honeybees and can increase life span. *Apidologie*, 51(4):570-582

Kefuss, J., J. Vanpoucke, J. D. De Lahitte and W. Ritter (2004). Varroa tolerance in France of *Intermissa* bees from Tunisia and their naturally mated descendants: 1993-2004. *American Bee Journal*, 144(7):563-568

Kirrane, M. J., L. I. De Guzman, T. E. Rinderer, A. M. Frake, J. Wagnitz and P. M. Whelan (2011). Asynchronous Development of Honey Bee Host and *Varroa destructor* (Mesostigmata: Varroidae) Influences Reproductive Potential of Mites. *Journal of Economic Entomology*, 104(4):1146-1152

Koetz, A. H. (2013). Ecology, Behaviour and Control of *Apis cerana* with a Focus on Relevance to the Australian Incursion. *Insects*, 4(4):558-592

Kohno, K., T. Sokabe, M. Tominaga and T. Kadowaki (2010). Honey Bee thermal/chemical sensor, AmHsTRPA, reveals neofunctionalization and loss of transient receptor potential channel genes. *The Journal of Neuroscience*, 30(37):12219-12229

Korta, E., A. Bakkali, L. A. Berrueta, B. Gallo, F. Vicente, V. Kilchenmann and S. Bogdanov (2001). Study of acaricide stability in honey. characterization of amitraz degradation products in honey and beeswax. *Journal of Agricultural and Food Chemistry*, 49(12):5835-5842

Kraus, B. and Berg, S. (1994). Effect of a lactic acid treatment during winter in temperate climate upon *Varroa jacobsoni* Oud. and the bee (*Apis mellifera* L.) colony. *Experimental and Applied Acarology*, 18(8):459-468

Kruitwagen, A., F. van Langevelde, C. van Dooremalen and T. Blacquière (2017). Naturally selected honey bee *(Apis mellifera)* colonies resistant to *Varroa destructor* do not groom more intensively. *Journal of Apicultural Research*, 56(4):354-365

Le Conte, Y., G. Arnold and Ph. Desenfant (1990). Influence of brood temperature and hygrometry variations on the development of the honey bee ectoparasite *Varroa jacobsoni* (Mesostigmata: Varroidae). *Environmental Entomology*, 19(6):1780-1785

Le Conte., Y., G. de Vaublanc, D. Crauser, F. Jeanne, J. C. Rousselle and J. M. Becard (2007). Honey bee colonies that have survived *Varroa destructor*. *Apidologie*, 38(6):566-572

Li, A. Y., R. B. Davey, R. J. Miller and J. E. George (2004). Detection and characterization of amitraz resistance in the southern cattle tick, *Boophilus microplus* (Acari: Ixodidae). *Journal of Medical Entomology*, 41(2):193-200

Li, L., Z. G. Lin, S. Wang, X. L. Su, H. R. Gong, H. L. Li, F. L. Hu and H. Q. Zheng (2017). The effects of clove oil on the enzyme activity of *Varroa destructor* Anderson and Trueman (Arachnida: Acari: Varroidae). *Saudi Journal of Biological Sciences*, 24(5):996-1000

Liu, T. P. (1990). Ultrastructure of the flight muscle of worker honey bees heavily infested by the tracheal mite *Acarapis woodi*. *Apidologie*, 21(6):537-540

Lodesani, M., M. Colombo and M. Spreafico (1995). Ineffectiveness of Apistan treatment against the mite *Varroa jacobsoni* Oud in several districts of Lombardy (Italy). *Apidologie*, 26(1):67-72

Lupo, A. and Gerling, D. (1990). A comparison between the efficiency of summer treatments using formic acid and Taktic® against *Varroa jacobsoni* in beehives. *Apidologie*, 21(3):261-267

Maeda, T. (2015). Effects of tracheal mite infestation on Japanese honey bee, *Apis cerana japonica*. *Journal of the Acarological Society of Japan*, 25(S1):109-117

Maeda, T. and Sakamoto, Y. (2020). Range expansion of the tracheal mite *Acarapis woodi* (Acari: Tarsonemidae) among Japanese honey bee, *Apis cerana japonica*, in Japan. *Experimental and Applied Acarology*, 80(4):477-490

Maggi, M. D., S. R. Ruffinengo, P. Negri and M. J. Eguaras (2010). Resistance phenomena to amitraz from populations of the ectoparasitic mite *Varroa destructor* of Argentina. *Parasitology Research*, 107(5):1189-1192

Maggi, M., E. Tourn, P. Negri, N. Szawarski, A. Marconi, L. Gallez, S. Medici, S. Ruffinengo, C. Brasesco, L. De Feudis, S. Quintana, D. Sammataro and M. Eguaras (2015). A new formulation of oxalic acid for *Varroa destructor* control applied in *Apis mellifera* colonies in the presence of brood. *Apidologie*, 47(4):596-605

Martel, A. C., S. Zeggane, C. Aurières, P. Drajnudel, J. P. Faucon and M. Aubert (2007). Acaricide residues in honey and wax after treatment of honey bee colonies with Apivar® or Asuntol®50. *Apidologie*, 38 (6) :534-544

Martin, S. J. (1995). Ontogenesis of the mite *Varroa jacobsoni* Oud. in drone brood of the honeybee *Apis mellifera* L. under natural conditions. *Experimental and Applied Acarology*, 19(4):199-210

Masterman, R., R. R. Ross, K. A. Mesce and M. Spivak (2001). Olfactory and behavioral response thresholds to odors of diseased brood differ between hygienic and non-hygienic honey bees (*Apis mellifera* L.). *Journal of Comparative Physiology*, 187(6):441-452

Mathieu, L. and Faucon, J. P. (2000). Changes in the response time for *Varroa jacobsoni* exposed to amitraz. *Journal of Apicultural Research*, 39(3-4):155-158

Maver, L. and Poklukar, J. (2003). Coumaphos and amitraz residues in Slovenian honey. http://www.fiitea.org/foundation/files/2003/Maver.pdf (2020-11-3)

Mikheyev, A. S., Mandy M. Y. Tin, J. Arora and T. D. Seeley (2015). Museum samples reveal rapid evolution by wild honey bees exposed to a novel parasite, *Nature Communications*, 6:7991

Milani, N. and Vedova, G. D. (2002). Decline in the proportion of mites resistant to fluvalinate in a population of *Varroa destructor* not treated with pyrethroids. *Apidologie*, 33(4):417-422

Mondet, F., S. H. Kim, J. R. de Miranda, D. Beslay, Y. Le Conte and A. R. Mercer (2016). Specific cues associated with honey bee social defence against *Varroa destructor* infested brood. *Scientific Reports*, 6:25444

Moosbeckhofer, R., H. Pechhacker, H. Unterweger, F. Bandion and A. Heinrich-Lenz (2003). Investigations on the oxalic acid content of honey from oxalic acid treated and untreated bee colonies. *European Food Research and Technology*, 217(1):49-52

Moretto, G., L. S. Gonçalves, D. De Jong and M. Z. Bichuette (1991). The effects of climate and bee race on *Varroa jacobsoni* Oud infestations in Brazil. *Apidologie*, 22(3):197-203

Mutinelli, F., S. Cremasco and A. Irsara (1994). Formic acid in the control of varroatosis. Practical approach. *Journal of Veterinary Medicine. Series B*, 41(7-8):433-440

Mutinelli, F., A. Baggio, F. Capolongo, R. Piro, L. Prandin and L. Biasion (1997). A scientific note on oxalic acid by topical application for the control of varroosis. *Apidologie*, 28(6):461-462

Naggar, Y. A., Y. Tan, C. Rutherford, W. Connor, P. Griebel, J. P. Giesy and A. J. Robertson

(2015). Effects of treatments with Apivar® and Thymovar® on *V. destructor* populations, virus infections and indoor winter survival of Canadian honey bee (*Apis mellifera* L.) colonies. *Journal of Apicultural Research*, 54(5):548-554

Nelson, D., P. Sporns, P. Kristiansen, P. Mills and M. Li (1993). Effectiveness and residue levels of 3 methods of menthol application to honey bee colonies for the control of tracheal mites. *Apidologie*, 24(6):549-556

Nunes-Silva, P., L. S. Gonçalves, T. M. Francoy and D. De Jong (2006). Rate of growth and development time of Africanized honey bee (*Apis mellifera*) queens and workers during ontogenetic development. *Brazilian journal of morphological sciences*, 23(3-4):325-332

Oddie, M. A. Y., P. Neumann and B. Dahle (2019). Cell size and *Varroa destructor* mite infestations in susceptible and naturally-surviving honeybee (*Apis mellifera*) colonies. *Apidologie*, 50(1):1-10

Olmstead, S., C. Menzies, R. McCallum, K. Glasgow and C. Cutler (2019). Apivar® and Bayvarol® suppress varroa mites in honey bee colonies in Canadian Maritime Provinces. *Journal of the Acadian Entomological Society*, 15:46-49

Otis, G. W. and Scott-Dupree, C. D. (1992). Effects of *Acarapis woodi* on overwintered colonies of honey bees (Hymenoptera: Apidae) in New York. *Journal of Economic Entomology*, 85(1):40-46

Oudemans, A. C. (1904). On a new genus and species of parasitic Acari. *Notes from the Leyden Museum*. 24(4):216-222

Peck, D. T., M. L. Smith and T. D. Seeley (2016). *Varroa destructor* mites can nimbly climb from flowers onto foraging honey bees. *PLoS One*, 11(12):e0167798

Peck, D. T. and Seeley, T. D. (2019). Mite bombs or robber lures? The roles of drifting and robbing in *Varroa destructor* transmission from collapsing honey bee colonies to their neighbors. *PLoS One*, 14(6):e0218392

Peng, Y., Y. Fang, S. Xu and L. Ge (1987). The resistance mechanism of the Asian honey bee *Apis cerana* Fabr. to an ectoparasitic mite, *Varroa jacobsoni* Oudemans. *Journal of Invertebrate Pathology*, 49:54-60

Pérez-Sato, J. A., N. Châline, S. J. Martin, W. O. H. Hughes and F. L. W. Ratnieks (2009). Multi-level selection for hygienic behaviour in honeybees. *Heredity*, 102(6):609-615

Pettis, J. S. and Wilson, W. T. (1996). Life history of the honey bee Tracheal mite (Acari: Tarsonemidae). *Annals of the Entomological Society of America*, 89(3):368-374

Pfeiffer, K. J. and Crailsheim, K. (1998). Drifting of honeybees. *Insectes Sociaux*, 45:151-167

Piccirillo, G. A. and De Jong, D. (2003). The influence of brood comb cell size on the reproductive behavior of the ectoparasitic mite *Varroa destructor* in Africanized honey bee colonies. *Genetics and molecular research: GMR*, 2(1):36-42

Pileckas, V., G. J. Švirmickas, V. Razmaitė and M. Paleckaitis (2012). Efficacy of different ecological methods for honeybee (*Apis mellifera*) varroa prevention in spring. *Veterinarija ir Zootechnika*, 59(81):65-70

Potts, S. G., J. C. Biesmeijer, C. Kremen, P. Neumann, O. Schweiger and W. E. Kunin

(2010). Global pollinator declines: trends, impacts, and drivers. *Trends in Ecology and Evolution*, 25(6):345-353

Punchihewa, R. W. K. (1994). *"Beekeeping for honey production in Sri Lanka."* , Peradeniya: Sri Lanka Department of Agriculture.

Ramsey, S. D., R. Ochoa, G. Bauchan, C. Gulbronson, J. D. Mowery, A. Cohen, D. Lim, J. Joklik, J. M. Cicero, J. D. Ellis, D. Hawthorne and D. vanEngelsdorp (2019). *Varroa destructor* feeds primarily on honey bee fat body tissue and not hemolymph. *Proceedings of the National Academy of Sciences*, 116 (5):1792-1801

Rennie, J. (1921) Isle of Wight disease in hive bees - acarine disease: the organism associated with the disease - *Tarsonemus woodi*, n. sp. *Earth and Environmental Science Transactions of the Royal Society of Edinburgh*, 52:768-779

Rinderer, T. E., L. I. de Guzman, G. T. Delatte, J. A. Stelzer, V. A. Lancaster, V. Kuznetsov, L. Beaman, R. Watts and J. W. Harris (2001). Resistance to the parasitic mite *Varroa destructor* in honey bees from far-eastern Russia. *Apidologie*, 32(4):381-394

Rinderer, T. E., L. de Guzman and C. Harper (2004). The effects of co-mingled Russian and Italian honey bee stocks and sunny or shaded apiaries on varroa mite infestation level, worker bee population and honey production. *American Bee Journal*, 144(6):481-485

Rinderer, T. E. and Coy, S. E. (2020). *Russian Honey Bees*. Independently published, 230p.

Sajid, Z. N., M. A. Aziz, I. Bodlah, R. M. Rana, H. A. Ghramh and K. A. Khan (2020). Efficacy assessment of soft and hard acaricides against *Varroa destructor* mite infesting honey bee (*Apis mellifera*) colonies, through sugar roll method. *Saudi Journal of Biological Sciences*, 27(1):53-59

Sakamoto, Y., T. Maeda, M. Yoshiyama, F. Konno and J. S. Pettis (2019). Differential autogrooming response to the tracheal mite *Acarapis woodi* by the honey bees *Apis cerana* and *Apis mellifera*. *Insectes Sociaux,* 67(1):95-102

Sammataro, D., S. Cobey, B. H. Smith and G. R. Needham (1994). Controlling Tracheal Mites (Acari: Tarsonemidae) in Honey Bees (Hymenoptera: Apidae) with Vegetable Oil. Journal of Economic Entomology, 87(4):910-916

Sammataro, D. and Needham, G. R. (1996). Host-seeking behaviour of tracheal mites (Acari: Tarsonemidae) on honey bees (Hymenoptera: Apidae). *Experimental and Applied Acarology*, 20:121-136

Sammataro, D. (2006). An easy dissection technique for finding the tracheal mite, *Acarapis woodi* (Rennie) (Acari: Tarsonemidae), in Honey Bees, with video link. *International Journal of Acarology*, 32(4):339-343

Satta, A., I. Floris, M. Eguaras, P. Cabras, V. L. Garau and M. Melis (2005). Formic acid-based treatments for control of *Varroa destructor* in a Mediterranean area. *Journal of Economic Entomology*, 98(2):267-73

Schneider, F. and Ismail, S. (2019). Spraying bees with sugar syrup to controll *Varroa* mites with less passive impacts. *CCAMLR Science*, 26(1):29-36

Scott-Dupree, C. D. and Otis, G. W. (1992). The efficacy of four miticides for the control of

Acarapis woodi (Rennie) in a fall treatment program. *Apidologie*, 23(2):97-106

Seeley, T. D. and Morse, R. A. (1976). The nest of the honey bee (*Apis mellifera* L.). *Insectes Sociaux*, 23(4):495-512

Seeley, T. D. (2007). Honey bees of the Arnot forest: a population of feral colonies persisting with *Varroa destructor* in the northeastern United States. *Apidologie*, 38(1):19-29

Seeley, T. D. (2016). *Following the wild bees: The craft and science of beehunting.* Princeton University Press, 184p.

Semkiw, P., P. Skubida and K. Pohorecka (2013). The amitraz strips efficacy in control of *Varroa destructor* after many years application of amitraz in apiaries. *Journal of Apicultural Science*, 57(1):107-121

Shahrouzi, R. (2009). The Efficacy of Apivar® and Bayvarol® and CheckMite+® in the Control of Varroa destructor in Iran. http://citeseerx.ist.psu.edu/viewdoc/download?doi=10.1.1.384.1126&rep=rep1&type=pdf (2020-11-3)

Sharp, D. (1899). Insects. Part II. The Cambridge Natural History, 6, 626p.

Shutler, D., K. Head, K. L. Burgher-MacLellan, M. J. Colwell, A. L. Levitt, N. Ostiguy and G. R. Williams (2014). Honey bee *Apis mellifera* parasites in the absence of *Nosema ceranae* fungi and *Varroa destructor* mites. *PloS one*,9(6):e98599.

Singer, H. J., J. P. van Praagh and H. F. Paulus (2019). Interactions between honeybees and varroa mites influenced by cell sizes and hygienic behaviour. *Entomologia Generalis*, 38(3):255-273

Skinner, J. A., J. P. Parkman and M. D. Studer (2001). Evaluation of honey bee miticides, including temporal and thermal effects on formic acid gel vapours, in the central southeastern USA. *Journal of Apicultural Research*, 40(3-4):81-89

Snodgrass, R. E. (1910). *The anatomy of the honey bee.* U.S. Government Printing Office, 162p.

Stoya, W., G. Wachendorfer, I. Kary, P. Siebentritt and E. Kaiser (1986). Ameisensäure als Therapeutikum gegen Varroatose und ihre Auswirkungen auf den Honig. *Deutsche Lebensmittel Rundschau*, 82(7):217-221

Stoya, W., G. Wachendorfer, I. Kary, P. Siebentritt and E. Kaiser (1987). Milchsäure als Therapeutikum gegen Varroatose und ihre Auswirkung auf den Honig, *Deutsche Lebensmittel-Rundschau*, 83:283-286

Techer, M. A., R. V. Rane, M. L. Grau, J. M. K. Roberts, S. T. Sullivan, I. Liachko, A. K. Childers, J. D. Evans and A. S. Mikheyev (2019). Divergent selection following speciation in two ectoparasitic honey bee mites. *Communications Biology*, 2:357

Thompson, H. M., M. A. Brown, R. F. Ball and M. H. Bew (2002). First report of *Varroa destructor* resistance to pyrethroids in the UK. *Apidologie*, 33(4):357-366

Tihelka, E. (2016). History of Varroa heat treatment in Central Europe (1981-2013). *Bee World*, 93(1):4-6

VanEngelsdorp, D., R. M. Underwood and D. L. Cox-Foster (2008). Short-term fumigation of honey bee (Hymenoptera: Apidae) colonies with formic and acetic acids for the control of

Varroa destructor (Acari: Varroidae). *Journal of Economic Entomology*, 101(2):256-64

Villa, J. D (1988). Defensive behaiviour of Africanized and European honeybees at two elevations in Colombia. *Journal of Apicultural Research*, 27(3):141-145

Wang, R., Z. Liu, K. Dong, P. J. Elzen, J. Pettis and Z. Huang (2002). Association of novel mutations in a sodium channel gene with fluvalinate resistance in the mite, *Varroa destructor*. *Journal of Apicultural Research*, 41(1):17-25

Weiss, K. (1965). Über den Zuckerverbrauch und die Beanspruchung der Bienen bei der Wachserzeugung. *Zeitschrift für Bienenforschung*, 8:106-124

Whittington, R., M. L. Winston, A. P. Melathopoulos and H. A. Higo (2000). Evaluation of the botanical oils neem, thymol, and canola sprayed to control *Varroa jacobsoni* Oud. (Acari: Varroidae) and *Acarapis woodi* (Acari: Tarsonemidae) in colonies of honey bees (*Apis mellifera* L., Hymenoptera: Apidae). *American Bee Journal*, 140(7):567-572

Wilkinson, D. and Smith, G. C. (2002). Modeling the efficiency of sampling and trapping *Varroa destructor* in the drone brood of honey bees (*Apis mellifera*). *American Bee Journal*, 142(3):209-212

Woo, K. S. and Lee, J. H. (1997).「韓国におけるミツバチ寄生性ダニの現状」.『ミツバチ科学』, 18(4):175-177

刘 益波, 曾 志将 (2009).〈中意蜂混合饲养对意蜂蜂螨寄生率的影响〉.《江西农业大学学报》, 31(5):826-829

青柳 浩次郎 (1896).『蜜蜂』. 農業社, 62p.

青柳 浩次郎 (1904).『養蜂全書』. 箱根養蜂場, 350p.

青柳 浩次郎 (1918).『養蜂全書』. 箱根養蜂場, 514p.

江崎 悌三 (1922).「ミツバチシラミバイの生活史」.『動物学雑誌』, 34(402):560-563

貝瀬 收一 (2020).「小笠原諸島への養蜂の移入」.『小笠原研究年報』, 43:71-90

北岡 茂男 (1958).「わが国でみられる蜜蜂の病氣(3)」.『月刊ミツバチ』, 11(7):208-213

北岡 茂男 (1968).「ミツバチに寄生するダニ」.『月刊ミツバチ』, 21(3):73-78

国見 裕久, 村上 理都子, 浅田 研一, 中村 純, 松山 茂, 羽佐田 康幸, 芳山 三喜雄, 荻原 麻理, 木村 澄 (2021).「蜜蜂のダニ寄生とウイルス感染率の実態調査報告書」. 一般社団法人日本養蜂協会 http://www.beekeeping.or.jp/wordpress/wp-content/uploads/2021/04/R3-JRAhokoku.pdf (2021-7-30)

高橋 純一, 片田 真一 (2002).「西表島の養蜂とセイヨウミツバチの帰化状況」.『ミツバチ科学』, 23(2):71-74

高橋 純一, 竹内 実, 松本 耕三, 野村 哲郎 (2014).「日本で飼養されているセイヨウミツバチの系統」.『京都産業大学先端科学技術研究所所報』, 13(3):25-37

竹内 一男, 酒井 哲夫 (1986).「ミツバチヘギイタダニの蜂群内寄生生態と年間防除」.『玉川大学農学部研究報告』, 26:75-88

竹内 一男 (2001).「ミツバチのダニ」. 青木 淳一 (編).『ダニの生物学』. 東京大学出版, 431p.

玉利 喜造 (1889).『養蜂改良説』. 有隣堂, 135p.

俵 安蔵 (1969).「その後の蜂ダニの駆除について」.『月刊ミツバチ』, 22(2):49-50

農商務省農務局 編 (1891).『大日本農史. 今世』. 博文館, 544p.

花房 柳条 (1893). 『蜜蜂飼養法』. 青木嵩山堂, 166p.

平塚 保雄 (1926). 『養蜂百訣』. 日本養蜂会, 230p.

干場 英弘 (2020). 『蜜量倍増ミツバチの飼い方: これでつくれる「額面蜂児」』. 農山漁村文化協会, 127p.

横井 智之 (2005). 「レタスをかじるニホンミツバチ」. 『ミツバチ科学』, 26(3):98-100

芳山 三喜雄, 木村 澄 (2012). 「ミネラル塩給与がミツバチ群の増殖性に与える影響」. 『ソルト・サイエンス研究財団助成研究報告集 1 理工学 農学・生物学編』, 2010:249-254

参考文献一覧

あとがきにかえて——ダニとミツバチと私

　私は，ローワン・ジェイコブセン著・中里京子訳『ハチはなぜ大量死したのか』（文藝春秋，2009）を読み，ミツバチを保護しなければならないと考え飼育を始めました。

　ミツバチの飼い方について，誰かから教わったことはありません。それは書を通して学びました。最初に読んだのは，角田公次著『新特産シリーズ ミツバチ 飼育・生産の実際と蜜源植物』（農文協，1997）です。それ以降は，国会図書館デジタルコレクションで明治時代や大正時代の養蜂書を読んだり，海外の論文を調べたりして，養蜂についての知識を身につけていきました。

　ミツバチの飼育を始めたのは2010年で，2群だった蜂群は順調に増え，翌年には30数群まで繁殖させることができました。しかし，3年目は減っていく一方で，結局全滅と相成りました。ヘギイタダニに滅ぼされる典型的なパターンです。

　そもそも，ミツバチの飼育はミツバチの保護を目的としたものだったので，薬のなかった昔と同じように，自然に近い状態で育てるのが一番だという考えのもと，ダニ対策はまったくしていなかったのです。順調に繁殖できていた頃は疫病とは無縁に感じられ，『ハチはなぜ大量死したのか』はジャーナリストが些事をセンセーショナルに書いたのではないか，と思うほどでした。減少し始めた頃も，寄生者が寄主を殺すほど強毒化することはないと考え，気にも留めませんでした。しかし結局は，ダニの凶悪さを思い知ることになったのです。

　ちょうどその頃，養蜂に関心のある方が現れ，ミツバチの飼い方を教えることになりました。もちろん，アピスタンやアピバールを使ったダニ対策も忘れることなく指導しました。その方はよく学び，また緻密な作業を得意とされ，さらには創意工夫を怠らずに養蜂に取り組み，その結果，1群を5群に，翌年は25群に，さらには60数群，そして100群を超えるまで繁殖させるに至りました。

　この対照的なふたつの経験から，私は，ダニ問題はアピスタンとアピバールの交互使用で克服しうるものだと考えるようになりました。ところが，ある時，その方はヘギイタダニ駆除にギ酸を試すプランについて話し始めました。どうやらネットの「情報」に影響され，試してみたくなったようです。私としては，そのような危険な化学物質をミツバチに用いるのは薬機法上違法なことのように思われ，またそうでなくともハチミツに混入するだろうことは容易に想像され，さらには安全性の

問題も懸念され，首肯しかねました。もっとも，当時の私は，ギ酸使用について十分な知識を持ち合わせておらず，否定することも肯定することもできないことに気づき，その問題について調べることにしました。それが本書の出発点です。

　その方が結局ギ酸を使ったのかどうかは知りません。確かにギ酸を使いたくなる気持ちもわからなくはありません。実際のところ，100群規模にもなるとアピスタンやアピバール代だけでも年間何十万円もかかります。これが1年や2年ではなく，この先ずっと続くのです。しかし，私には別の考えがありましたので，そうではない方向を目指すことにしました。

　私は，必ずしもケミカルフリーの養蜂を目指していたわけではありませんが，様々な失敗や試行錯誤の末，たどり着いたのは雄バチ巣房トラップ法でした。最も簡略な方法を追求した結果，「1週間ごとの内検時に蓋掛けされた雄バチ巣房をすべて細い棒で突き刺し，それをそのまま巣に戻す」という形（雄バチ巣房刺し）に落ち着き，シーズン中の内検作業では，ひたすら雄バチ巣房を潰す作業をしています。この方法は非常に効果的で，アピスタンやアピバールでも決していなくなることのなかった縮れ翅のハチを見かけることは，ほぼなくなりました。巣箱のごみを探しても，ヘギイタダニの死骸が見つかることはめったにありません。

　しかしながら，そのような手間をかけてもヘギイタダニがいなくなることはありません。雄バチ巣房が造られない時期にはどうしてもダニは増えてしまいます。そのため，これ以外の方法を併用しなければなりません。

　雄バチ巣房トラップ法でダニを抑え込めなかったコロニーは，温熱療法でカバーしています。温熱療法の基礎研究は昔からあり，実験的には効果があることははっきりしていましたが，実用レベルでそれを具体化したものを見たことはありませんでした。乗り越えなければならない課題は多くあり，システムの開発は困難なように思えました。もちろんカネに糸目をつけなければ如何様にもできますが，それは何かが間違っています。「かけてよいコストの上限は薬代まで」と決めた時点で，加熱方法は決まりました。ガスや電気は使えません。それでも太陽光だけで風呂の湯を沸かすことはできていたので目途は立っており，目論見どおりビニール温室でダニを殺すのに十分な熱を得ることができました。ネックとなっていた温度管理も，Raspberry Piによって解決することができました。こうして出来た「パッシブソーラー式温熱療法システム」の開発にかかった費用は，20群1回分の治療費程度です。以後，薬代はかかっていません。

このように現代でも養蜂は，雄バチ巣房トラップ法と温熱療法の合わせ技で，薬を使わなくてもやっていけます。それでも，雄バチ巣房トラップ法の実践者は多くなく，温熱療法は誰もやっていない独特なことなので，独り間違った道に迷い込む可能性があることは認識しています。そのため，ダニの寄生率調査は欠かせません。

　ヘギイタダニの寄生率の確認方法といえばシュガーロール法ですが，この方法の最大の欠点は粉砂糖が無駄になることです。ダニの寄生率を調査するという大義はあるものの，食べ物を粗末にするのは心が痛みます。かといって，ミツバチの背中をじっと見ても，寄生率はまったくわかりません。そうしているところで出会ったのが，2019年のRamsey論文です。これは，ヘギイタダニが吸血ダニではなく食蜂ダニであることを反論の余地がないほど多角的に証明した，非常にパンチのきいた研究です。この論文を頼りに，ハチの腹側を見る方法を様々試し，クリアファイルケースを使いハチの腹側をデジカメで撮影する「腹側撮影法（ダニ見検査法）」を考案しました。こうして，終わりのない，カネのかかる化学的防除から脱却することができたのです。

　現在の取り組みは，抵抗性系統の選抜と育種です。選抜自体はそれほど難しくありません。Kefussら急進派の「サバイバルテスト」がその答えです。これに高度な技術はまったく不要で，誰でも行うことができます。放っておくだけですから。むしろ難しいのは系統保存です。他の養蜂場からの雄バチの影響を遮断した交配場で毎年交配させることは，不可能ではありませんが，負担は大きく，プラグマティックではありません。

　当初の目標「ミツバチの保護」は，少しは進歩していますが，まだ実現できていません。それでも，いずれできるだろうと楽観しています。その時に本書は「時代遅れ」の本になるわけですが，そうなることを私は願っています。

　本書を執筆する上で，世界中の聡明な研究者の論文を参考にさせていただきました。どのペーパーも，数年にわたる野外調査報告など，重みのあるものばかりでした。法令の解釈や実際の運用などについては，農林水産省や厚生労働省，家畜保健衛生所の職員から様々な教示をいただき，出版にあたっては，農家の応援隊である農山漁村文化協会（担当編集者：荘司博史氏）の協力をいただいています。

　最後になりましたが，関係各位と無数のミツバチにお礼申し上げます。

東　繁彦

索 引

索
引

199

東 繁彦 （あずま しげひこ）

1974年生まれ。一橋大学商学部卒業，学士（商学），神戸大学大学院法学研究科実務法律専攻修了，法務博士（専門職）。投資家，養蜂家。ケミカルフリー養蜂を確立。現在は，育種によるミツバチの耐病性向上に取り組んでいる。

著訳書

『関係的契約理論──イアン・マクニール撰集』（日本評論社，2015，共訳：池下幹彦）
その他金融商品取引関係の論文など

ミツバチのダニ防除
雄バチ巣房トラップ法・温熱療法・サバイバルテスト

2022年2月15日 第1刷発行

著者 東 繁彦

発 行 所 一般社団法人 農山漁村文化協会
郵便番号 107-8668 東京都港区赤坂7丁目6-1
電話 03（3585）1142（営業） 03（3585）1147（編集）
FAX 03（3585）3668 振替 00120-3-144478
URL https://www.ruralnet.or.jp/

ISBN978-4-540-21127-0 DTP製作／（株）農文協プロダクション
〈検印廃止〉 印刷／（株）新協
©東繁彦2022 製本／根本製本（株）
Printed in Japan 定価はカバーに表示
乱丁・落丁本はお取り替えいたします。